U0053949

元華文創
卓越文庫 EB025

標準市場與競爭

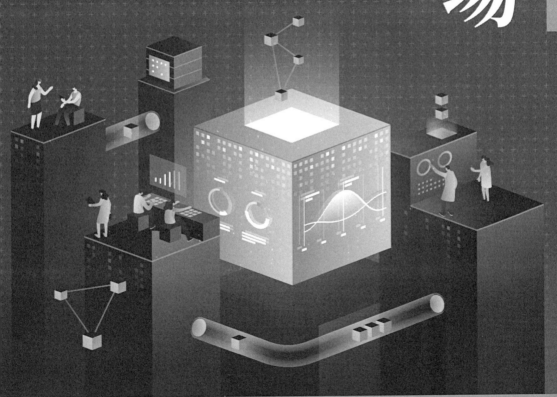

請不要小看「標準」，實為眾家必爭之武器；
它將影響市場競爭，甚至您的生活。

林咨銘
范建得　著

序 文

　　「標準」乃是集合眾人知識的結晶，目的在有效率的集中發展產品，以促進產業快速進步的一種發展系統。近年來標準市場的競爭，已成為知識型經濟中運用智慧財產及實行商業競爭的重要議題。在標準市場中，相關於標準規範的智慧財產，由於同時具備標準必要實施的特性與法律所賦予的專利排他權利，因而具有改變市場之力量。

　　然而，就在龐大經濟利益的誘使之下，標準之關鍵智慧財產，從原本用以鼓勵創新、貢獻新技術的動力，如今反而成為了限制競爭、排除競爭與謀取獨占利益等，違反公平競爭行為之誘因。因此，創造與實施標準關鍵智慧財產之行為，已成為「標準」自十九世紀發展以來，日益重要的競爭法議題。

　　本著作首先簡介「標準」之發展背景，討論存在於標準市場內、實際施行各式競爭之商業行為，並整理出「標準」之市場與經濟特性。而後，從歐美之專利法與競爭法立法宗旨與發展進程，來討論由標準智慧財產所衍生之相關法律議題，與相對應的管制與救濟措施。再經由產業分析，彙整出一套專屬於標準市場之商業化模型，並進一步討論標準相關市場之劃分、獨占力量之來源、以及反競爭行為之判定基礎。最後透過真實發生於國內外之案例，來實際操作所提之分析模型，並提出本著作對標準競爭之心得與看法。

　　期盼透由本著作之討論與分析，能為現今知識型經濟、競爭日益激烈的標準市場，提供一個研究與管制的思維。

林志銘

謝　辭

　　本著作之完成，首先須感謝清華大學范建得教授的悉心指導，並總是在筆者遭遇研究瓶頸時，提供多方角度之專業意見、協助突破重重的難關，使此著作得以面世。同時也要感謝台灣科技大學蘇威年教授以及中正大學周振鋒教授所提供諸多的寶貴建議，使此著作內容可以越益精進。

　　接著要感謝清華大學科技法律研究所的諸位教授們，在艱辛的法律修習路途上，對筆者所提供的各種提攜、幫助建立起完整的法律概念，並進而成為本著作之發展基礎。另外，特別感謝陪伴筆者一起攻讀科技法律學位的科法所同學們，這三年來，無論是在課業上或是生活上，相互砥礪扶持的點點滴滴，都使筆者永難忘懷。

　　此外，也要謝謝工業技術研究院的長官們的栽培，給予筆者再一次成長的機會，讓筆者可以將多年來的工作經歷與心得，重新以法律的角度來詮釋，並獲得不同於以往的啟發。

　　最後，感謝給予筆者生活上各項支持的家人們，以及所有一路上給予支持與鼓勵的工作夥伴與朋友們。

　　一個人存在的意義，不外乎是為這個世界做出些許貢獻，以留下存在的證明。此著作不但是筆者在科技法律領域的研究成果，亦代表著十多年來參與標準制訂工作的實務經驗與紀實彙整。有此著作，相信已足以證明筆者的曾經存在。

　　感謝讀者閱讀，並特別將此著作獻給每一位在「標準」世界生活的朋友。

目　次

第一章　「標準」與市場發展

　　西元一九九九年九月，美國國家航空暨太空總署(National Aeronautics and Space Administration ，簡稱 NASA)一艘價值一億兩千五百萬美元的衛星在火星執行探測任務時，因發生事故而墜毀。經研究發現，其墜毀之原因乃是因為開發工程團隊使用來自不同制度單位的零件、所引發的不相容問題所導致[1]。發展一個衛星系統，是一個相當龐大且複雜的工作，當然不可避免的必須要使用生產自世界各地不同單位的零件，但若是工程團隊當初在發展衛星系統時使用具備相容性(compatibility)的元件，或是為不相容的元件設計一套標準之溝通界面，理應可避免因制度單位不相容而發生之慘劇。

一、「標準」發展與知識型經濟

　　「標準(standard)」自十九世紀以來，經由不同世代的產業發展與演進[2]，使現代經濟市場充斥著無數的標準產品，如電話、電腦、通訊協定、機動車輛、

---

[1] CNN News, Metric mishap caused loss of NASA orbiter. (1999, September 30). (Retrieved from http://edition.cnn.com/TECH/space/9909/30/mars.metric.02/, last visited 05/16/2018.)

[2] 「標準」之市場發展可分為三個階段：在 19 世紀第一階段、「標準」產生協議訂定產品規格以及測試方法用於開展新市場，並逐漸產生服務與品質上之競爭。第二階段為第二次世界大戰，「標準」開始在不同的產品間制定通常的生產程序，如此可確保生產者可以持續性長期的產出相同品質的產品。發展至今第三階段，主要是在商業營運模式的改進，制定商業發展原則(business principle)用以促進組織或公司改善並維持高營運效能，包含公司領導(leadership)、公司治理(governance)、以及風險管理(risk management)。(Centre for Economics and Business Research [CEBR], *The Economic Contribution of Standard to the UK Economy*, British Standards Institution [BSI] Report. 1-108 (2015) , at 15. Retrieved from https://www.bsigroup.com/LocalFiles/en-GB/standards/BSI-The-Economic-Contribution-of

以及傳輸系統等。「標準」早已透過各式產品實質的影響著現代人的生活。所以由標準所衍生的各項經濟與法律議題，皆可能對我們日常生活的周遭產生碩大影響，因此值得我們深入研究。

「知識型(knowledge-based)經濟」，指的是「知識與人力資本比傳統製造業更為集中」的一種產業型態[3]，包含許多運用智慧與資訊的新興服務，如金融、保險、以及通訊等等。隨著知識型服務逐漸在世界各大經濟體發展，知識集中的環境早已經研究證實有益於發展創新發明與科技[4]。由於新科技的散播，經常為大量的採行實踐(adaption)與標準化(standardization)決策的結果[5]，所以自十九世紀以來，隨著科技的持續發展，已經逐漸使「標準」在全球知識型經濟[6]扮演著中心角色，推動創新技術的擴散與經濟的成長[7]。

-Standards-to-the-UK-Economy-UK-EN.pdf, last visited 03/16/2019.)

[3] Organization for Economic Co-operation and Development [OECD]. *Technology and Industry Scoreboard 1999*. In OECD SCIENCE, 1-170. ISBN: 9789264173675. 1-178 (1999), at 3. (原文為 "Relatively intensive in the inputs of technology and/or human capital.")

[4] Z. J. Acs, L. Anselin, A. Varga, *Patents and innovation counts as measures of regional production of new knowledge*, Research Policy, 31(7), 1069-1085 (2002), at 1069-1070.

[5] D. Acemoglu, G. Gancia, F. Zilibotti, *Competing Engines of Growth: Innovation and Standardization*, JOURNAL OF ECONOMIC THEORY, 147(2). 1-48. (2012), at 28. (原文為"New technologies often diffuse as a result of costly adoption and standardization decisions.")

[6] 知識型經濟，指的是「著重於同時使用科技(technology)與人類知識(human knowledge)所發展而成之經濟」。自 1990 年後期、金融海嘯過後，亞洲國家為維持競爭力，已逐步朝向此新型態經濟發展。知識型經濟之典型代表為資訊與通訊科技產業，包含半導體、電腦、電子設備、通訊設備或服務等。(OECD, *Knowledge-Based Industries in Asia*, Science Technology Industry [STI]. 1-75 (2000), at 11. Retrieved from https://www.oecd.org/countries/thailand/2090653.pdf, last visited 03/16/2019.)

[7] V. Torti, *Intellectual property rights and competition in standard setting: objectives and tensions*. In S.l.: ROUTLEDGE. (2018), at 49.

二、「標準」簡介

（一）何謂「標準」

　　在現代的社會，不同的社群可以擁有不同專業與所關注的事務，而社交的互動通常需依賴於對基本的名詞(noun)、概念(concept)、與意涵(meaning)的共同理解(common understanding)[8]。由於一個共通的系統可以幫助在不同的利益群體間，建立一個共同協議來促進貿易[9]，而藉由群體協議、共同思考管理事務的「標準」，即在此需求與發展背景之下所產生[10]。

　　「標準」的使用目的，在為不同的個體或群組提供一個相互理解的發展系統，在各自獨立運作的條件下，透過共同的標準規範(specification)來促進生產及增進效率。「標準」的價值，也因此取決是否已在經濟面與政策面建立起充分的共同了解[11]，唯有如此，才可以確保該標準規範可以有助於擴展共通市場，以及永續的經濟發展。因此，「標準」可被定義為，一個可用於提供關於需求(requirement)、規格(specification)、原則(guideline)或是特性(characteristic)，以確保材料(material)、產品(product)、程序(process)、或服務(service)，能夠符合協議者共同目標的規範[12]。

　　以資訊及通訊科技(information communication and technology，簡稱 ICT)市場為例，智慧型手機是一個已被普羅大眾所接受、且發展相當成功的商業標準產品，而探究其發展成功之原因，乃是因為智慧型手機為基於眾多科技公司共同制定的標準規範所設計研發而導致，其中不乏包含各項有助於提升產品效能

---

[8] Telecommunication Standardization Bureau [TSB], *Understanding Patents, Competition & Standardization in an Interconnected World*, International Telecommunication Union [ITU] Report, 1-98 (2014), at 12.

[9] 同前註，頁 13-16。

[10] CEBR，同註 2，頁 13。

[11] TSB，同註 8，頁 14-15。

[12] 同前註，頁 14。

與互通性[13]的標準技術與功能，再再顯示「標準」對於商業市場發展有著不可忽視的影響力。

（二）「標準」的種類

「標準」通常可依據其設置目標、制定程序、運作條件以及使用之方式來區分[14]。以現今的討論，「標準」之分類方式，可分為(1)法定(de jure)與實務(de facto)標準、(2)正式(formal)與非正式(informal)標準、(3)專有(proprietary)與非專有(non-proprietary)、以及(4)公開(public)與封閉(close)等四種。

第一種分類之法定標準，乃是在擁有共同興趣的公司間，基於協同合作之方式，所制訂一個共同規範[15]。此類標準制定組織通常由法律或經正式授權之組織扮演起領導者角色，並由肩負管理責任的委員會來制訂政策、規則或制定標準的框架與合作方式[16]。另一方面，一個非經授權之組織所制定之標準規範，亦可由該規範在公共區域受歡迎的程度，來決定是否形成一個實務標準[17]。例如：當一個公開的標準規範，在經歷市場競爭過後被多數使用者接受，或取得高市場占有率等之商業成功，而成為一個產業所必須遵循的規格或技術，此規範即可被稱為是一個實務標準[18]。

在第二種分類中，一個由國家成立、授權或認可、且目的在制定國家性或是國際性標準的組織，通常被稱為正式標準組織，其所制訂的規範即被稱為正式標準[19]。反之，若由其他非正式的公司或群組所制定之標準，即被稱為非正

---

[13] 以一個手機產品為例，其中內含的標準至少包含，編碼(codec)技術規格、無線射頻(radio frequency)以及頻譜(spectrum)使用規範、網路通訊技術規格、無線區域網路(Wi-Fi)技術規格、HTTP共通規範、以及HTML與XML程式介面等等。

[14] Torti，同註7，頁50。

[15] 同前註，頁50-51。

[16] TSB，同註8，頁23。

[17] 同前註，頁17-18。

[18] Directorate for Financial and Enterprise Affairs Competition Committee [DFEACC], *Intellectual Property and Standard Setting – Note by Unite States*, Report NO. DAF/COMP/WD(2014)116. 1-16 (2014), at 4.

[19] TSB，同註8，19。

式標準。例如，有些具影響力之論壇(fora)、財團(consortia)、或是其他非正式的產業協會也可以扮演類似的角色來制定標準規範。雖然此類群組或協會未經國家正式認可或授權，但是由於其參與單位的數量或屬性足以對產業發生一定之影響，且有可能產生類似正式標準組織的效果，因此部份此類之群組或協會亦有可能被稱為是準正式(Quasi-Formal)標準組織[20]。

若以第三種分類方式來看，非專有的標準規範，通常由許多公開或私人專家所聚集、為了特定目的而使用偕同(collaborative)之方式來發展。此類制定標準的組織，通常會制定一些用以管理該標準發展之規則，同時也會一併規範標準專利的使用與授權方式[21]，以確保該標準規範不會被少數或特定對象所專有。而相反的，一個由單一公司所發展制定之標準，則被稱為是專有標準。由於該公司擁有對該標準規格、制定程序、與未來發展的控制權，此類標準專利的持有者並不必然會制定基於合理、平等或是非歧視的授權原則[22]。

封閉標準與開放標準之界分，通常會分別考量標準制定的程序，與標準規範經之使用存取(access)方式[23]。一個開放標準的制訂程序，必須遵循一定之政策規則，並依照透明程序來做成共識與決定，並將所有標準文件[24]與標準實施資訊公開給所有可供存取之對象[25]。反之，若一個標準規範的制定程序不符合前述之規則或開放之特性，則屬於封閉標準。

一個實務標準，通常在單一公司所制定之特殊規格取得商業上成功後，才會被市場認定為是大家所需遵循的規範，一般具有非正式、專有、且封閉之特性；而法定標準則是一開始即訂定發展目標，由參與公司經一定之公開程序所制定，因此經常是正式、非專有、且開放。然而，複雜的實務運作過程，經常

---

[20] 同前註，頁 20-21。

[21] 同前註，頁 19。

[22] 同前註，頁 17。

[23] Torti，同註 7，頁 54。

[24] 除涉及營業秘密或著作權之外，皆須開放。

[25] 有研究認為，實施標準不應受到授權限制，也就是不須要求或至少是免授權金之授權。不過，也有研究指出，只要是合理非歧視性的 RAND 授權，即可算是開放的標準實施。

使得標準在界分上出現分歧與例外。例如，一個實務標準基本上是專有的，但
是標準制定者也有可能為了商業利益而公開，使其成為公開標準[26]。另外，實
務標準也可藉由產業的組織或協會來使用偕同式之方式來制訂標準，有時候不
一定是由單一公司所創造產生[27]。此外，雖然專有標準通常是封閉的，但在不
同公司間時常需要交互授權以實施該標準，因此也擁有類似非專有標準的開放
市場特性[28]。而特定公司所專有的技術或規格，也有可能經由正式標準組織之
採用，而成為一個正式的標準規範，並且在國際上廣泛地被使用[29]。

表 1-1　標準的分類

	法定(de jure)標準	實務(de facto)標準
定義	由法律或經正式授權之標準組織扮演著領導者角色，來規劃協調框架與合作方式。此類標準，通常基於協同合作、在擁有共同興趣的公司之間，制訂一個相互合作的共同規範。	通常經公開的技術或規格，在市場上取得商業成功後，成為產業所必須遵循的規範。

---

[26] 一個公司如果願意與他方分享標準或規格，其原因不外乎是鼓勵他方公司發展相容的裝置、軟體或
相關服務，並藉此擴展其可獲利的市場；反之，一個公司為了保有在該市場的地位，也有可能選擇
不公開該標準，自由主張其持有專利的權利，甚至拒絕授權予其它廠商。

[27] Torti，同註 7，頁 52。

[28] 同前註，頁 53。

[29] 如 portable document format (簡稱 PDF)，原先為 Adobe System 公司所發展的一種可以在不同軟體、應
用、與系統間使用的檔案格式。自 1993 年起，PDF 標準規格雖為 Adobe System 公司所專有，但卻
免費的提供給公眾所使用。直到 2008 年，Adobe 公司將 PDF 規格貢獻予國際標準組織(International
Standard Organization，簡稱 ISO)、並經批准成為正式標準 ISO 32000-1 後，此 PDF 規格即成為全球
廣泛被使用的檔案規格，而 Adobe 公司同時也公布免費授權(royal-free)的方案，開放各種製造、使用、
銷售和散布 PDF 相容檔案格式之行為。(關於 ISO 標準制定組織之專利政策，請參閱本著作之附錄二，
ITU-T/ITU-R/ISO/IEC 專利政策)

正式與非正式	一個由國家成立、授權、或認可、且目的在制定國家性或是國際性標準的系統組織,通常被稱為正式標準組織,其所制訂的共同規範即被稱為正式標準。	由其他非正式的公司或群組所制定之標準,即被稱為非正式標準。
專有與非專有	非專有的標準規範,通常由許多公開或私人專家所聚集、為了特定目的而使用偕同(collaborative)之方式來發展。 此類制定標準的組織,通常會制定一些用以管理該標準發展之規則,同時也會一併規範標準專利的使用與授權方式。	由單一公司所發展制定之標準,則被稱為是專有標準。 此類標準專利的持有者並不必然會制定基於合理、平等或是非歧視的授權原則。
開放與封閉	一個開放標準,必須遵循政策規則,以透明程序來做成共識或決定,讓標準規範對所有利害關係者開放。	標準規範的制定程序不符合公開透明之原則,且未開放給外部存取,則為一個封閉標準。
例外	正式標準組織所制訂的法定標準,通常是非專有且開放,但法定標準也有可能經由非正式的標準組織所制定。	非正式標準組織所制訂實務標準,通常是專有且封閉,但實務標準也有可能經過開放的程序而成為非專有標準。

(資料來源:本著作整理)

(三)偕同式標準與特性

　　「標準」發展至今,無論是法定標準或是實務標準,皆有越來越多的公司願意使用偕同式之方式來制定標準,尤其是資訊及通訊科技產業[30]。原因在於,

---

[30] 目前全球已有超過 800 個產業組織在持續的發展、推廣、以及支持 ICT 標準。(TSB,同註 8,頁 20。)

由有著共同興趣或利益的單位參與標準制訂，可以用更集中、更有效率的討論方式來完成標準之制定。有學者整理出偕同式標準的四項主要特性[31]，分別是(1)在擁有共同興趣的公司間偕同討論、(2)基於科學與技術資料所產出、(3)必須透過共識凝聚來驅動、以及(4)標準應用通常非常具有價值。也有其它研究提出，偕同式標準可為產業提供許多好處[32]，並可能對參與的會員公司額外產生參與之誘因[33]。

有研究認為，偕同標準的必要性，不只是在共同分擔投資或是運作執行的風險，更可藉由貢獻具有互補性的資訊，來點燃支持新技術發展的引信[34]。偕同式標準之所以重要，原因乃在於所制訂的標準規範，通常涉及產品重要特徵、特性，以及與其它產品的互通性(interoperability)，並可用以進一步擴大自由市場貿易[35]。再者，一個標準規範的制定通常源自於市場需求，若是能透過偕同討論來解決該未來市場的問題，也將有助促進開發新市場[36]。此外，由於偕同式標準可實質影響著各式的經濟活動，因此也經常與全球經濟與交易法規關係密切[37]。

有鑑於「標準」的種類多樣，甚難以簡單之方式來釐清其在法律上的地位，但由於偕同式標準在制定與實施的過程中，其市場行為具備有外顯且可供觀察的特性，因此非常適合藉由分析在其相關市場上的商業行為，來討論所衍生之

---

[31] Torti，同註 7，頁 50-51。

[32] 偕同式標準所可能帶來的好處，包含參與者分享資訊、共同發展最佳(best-of-breed)產品、確保不同製造廠商可以一起合作製造具相容性的產品、促使重要的創新及技術可以進入市場、藉由一致標準規範的領導避免將來發生在市場的協調失敗與代價、以及可避免公司花費在進行標準戰爭的花費以及時間成本。

[33] 參與公司可成為市場或技術先行者(first-mover)、或先期得知將來市場或產品可能被廣泛或全面採用的新技術等等。

[34] C. Shapiro, *Navigating the Patent Thicket: Cross Licenses, Patent Pools, and Standard-Setting*, SSRN ELECTRONIC JOURNAL. 119-150 (2001), at 140.

[35] Torti，同註 7，頁 50-51。

[36] Hank J. de Vries, *International Standardization as a Strategic Tool*, IEC Report. 130-141 (2006), at 136.

[37] Torti，同註 7，頁 50-51。

法律議題。據此,本著作著重在討論偕同式標準之制定以及在其相關市場上實施標準之行為,進一步分析偕同式標準在知識型經濟市場的各種互動與影響,並探究相關的法律議題。

表 1-2　偕同式標準之制定特性與效果

制定特性	效果
擁有共同興趣	協力發展新技術 擴大自由市場貿易 共同開發新市場
基於資料所產出	
共識凝聚來驅動	
應用有經濟價值	

(資料來源:本著作整理)

（四）標準制定組織

「標準」是一個有著既定目標、被特定群組理解並遵循的共同規範,其產業牽涉甚廣。一般的標準種類包含詞彙(vocabulary)[38]、量測(measurement)[39]、安全(safety)[40]、管理(management)[41]、產品(product)[42]、以及技術(technology)[43]等。該共同規範可由單一或多個不同性質的單位,形成一個標準制定組織(standards-setting organization,簡稱 SSO)經由一定之協議來發展制定。

若從法律的觀點來看,標準制定組織負責在某特定領域制訂共通的標準規

---

[38] 指專有詞彙與名詞定義,如標準檢驗局所制訂之中英文對照表。

[39] 指用於量測的單位、器具、儀器、以及系統,如國家度量衡標準實驗室的長度與質量標準。

[40] 指規範符合安全需求的材質、係數、及測試方法,如英國防火阻燃標準 BS7177。

[41] 指對業務工作所規定的各項工作、職責、方法和制度等,如國際標準組織(ISO)的品質管理標準。

[42] 指規定一個或一類產品應符合製作要求並保證其使用目的,如手機測試認證標準。

[43] 指經特定機構批准、可供產品通用或重複使用技術特徵與特性的規則或指導原則,如無線區域網路 Wi-Fi 標準。

範[44]，因此通常會指涉一個共同合作制定標準的專業群組[45]，包含標準發展組織
(standards development organization，簡稱 SDO)[46]、合作夥伴(joint ventures)、推
廣群組(promoter's group)或特殊利益群組(special interest group)[47]、以及論壇或財
團等[48]。其中，致力在不同區域或國家公司間，產生共通的語言(common
language)，用以保護在國際產業間進行交易對象的國際標準制訂組織，即是一
個經典的例子[49]。

　　簡言之，標準制定組織即是一個包含各種大小、營運與範圍，且目的在制
訂產業共同規範的群組[50]。以通用序列匯流排(universal serious bus，簡稱 USB)
為例，USB 界面即是一個經由一群電子產業公司所合作制定的標準，目的在為
全世界電腦周邊裝置提供一個共通的溝通介面，並透過該界面所提供的相容
性，將資訊傳輸進一步地擴展至其它的連接裝置[51]。

（五）標準制定程序

　　所謂的「標準制訂程序」，乃是將一群具專業知識的專家聚在一起、經由
一連串討論與交換資訊之過程來制定標準規範[52]。由於在制定標準的過程當

---

[44] M. A. Lemley, *Intellectual Property Rights and Standard-Setting Organizations*, CALIFORNIA LAW REVIEW, 90(6). 1889-1980 (2002), at 1892.

[45] DFEACC，同註 18，頁 3。

[46] 一個 SDO 經常是一個會員導向(membership-driven)、由許多公開或私人專家所聚集、為了特定目的而偕同發展標準規範的組織。

[47] 一般公司或是其它非正式的產業協會也可以扮演類似的角色來制定標準規範，這些組織通常藉由組成小群組、以非正式合作的方式來共同制定。同時也由於該群組具有共同興趣或利益，所以可以用更集中討論、更有效率的方式來完成標準制定以回應產業的需求。只要集合部分在市場中有一定影響力之會員，即可快速有效率藉由改善技術來影響市場發展。

[48] 產業設置的論壇或財團可以被定義為一個發展與協同制訂標準規範的社群或網路。它們通常不須政府或其它正式組織來審核或通過，也因此可以更快更有效率的完成標準制訂。

[49] CEBR，同註 2，頁 23。

[50] DFEACC，同註 18，頁 3。

[51] TSB，同註 8，頁 21。

[52] CEBR，同註 2，頁 24。

中，常常會因為不同立場與產業關係，而發生共識凝聚的困難，此時若透過一個可供理解並遵守的規則，並透過供給需求各式資訊的協商媒合，不但可減少在制定標準的過程中所花費的時間與人力的成本，更可確保經由如此程序所完成之規範，能夠符合相關利害關係者之需求[53]。簡而言之，「標準制訂程序」之設置目的在確保當初制定標準之目的與所欲達到之效果能夠被實現。

發展一個標準的原則必須包含：共識(consensus)、透明(transparency)、平衡(balance)、正當程序(due process)、以及公開(openness)等要件[54]。首先，「共識」代表的是所有的意見在發展標準過程中皆必須被處理，而且最終決定也必須被適當的利害關係者所理解與接受。「透明」指的是在發展標準過程中，所有的可得資訊，包含提案、討論、與決議，都必須以適切之方式讓標準參與者知情。「平衡」要求的是，利害關係者的利益都必須在標準制訂程序中被公平對待，同時也應確保沒有獨占程序利益的情事發生。「正當程序」則是必須保證所有的討論與決議皆為公平的(equitable)。最後，「公開」則是要求制定與發展標準的過程都必須讓實質利害關係者可以參與。

簡而言之，一個標準的制定規則；指的是用以管理該標準的發展(development)、決策(decision)、公開(publication)、與存取性(accessibility)的規則，並提供一定的監督性，來規範標準制定過程中的各項行為。經由此充分、完全且公開之討論與協商過程所產出之標準規範，由於可以確保在事後所依據製造之標準產品，能夠符各方利害關係者之需求，因此也經常是提供產品的品質與相容性保證的一種產業見證[55]。

表 1-3　發展標準之原則

原則	操作方式
共識	凝聚產業共識

[53] 同前註，頁 55。

[54] TSB，同註 8，頁 21-23。

[55] CEBR，同註 2，頁 55。

透明	討論過程透明
平衡	平衡利害關係
正當	討論與決議公平
公開	關係者實質參與
目的在符合各方利害關係者需求， 並可提供產品品質與相容性之保證	

(資料來源:本著作整理)

三、「標準」之特性

(一)「標準」可促進創新與產業效益

由於「標準」乃是緣起於特定的市場需求，且設定有所欲達成之產業目標，所以在發展標準的行為過程與最終效果，皆可能對市場經濟發生一定的影響。

首先，「標準」在符合共同協議者的目標下，透過需求與供應的協商媒合，確保在事後產品上市時能夠符合彼此的需求，並預期能長期並持續產出具備相同品質的產品或服務。透過相互協助與提供互補資訊，進入市場之障礙將會被降低[56]。因此，從「標準」的發展過程與所欲達成之目標來看，在市場內將產生正向的競爭效應，有益於促進經濟發展。

由於「標準」的發展其實是導因於特定之市場需求，而標準制定組織所制定的規範，其實是經各方意見協調過後、所取得之共識，代表著已經由所有參與者確認、且可務實解決各項問題的決議[57]。如此，在遵從一致的產品規格之

---

[56] 實證研究顯示「標準」對於市場結構有很重要的影響，尤其是對非價格的競爭，「標準」可避免削價競爭(race to the bottom)，防止廠商使用一般消費者不易察覺、但犧牲品質的低價之策略來增加市占率。(CEBR，同註2，頁51-53。)

[57] 若一個產業缺乏「標準」的協助，將會使該產業無法發揮應有的效能而導致低經濟效益。

生產條件下，標準產品的製造將會更為有效率，並可透過大量的生產製造來降低單位成本[58]。可見，「標準」所產生之效果也有助於提升經濟效益。

「標準」所提供個相容性與互通性可減少轉移花費(switching cost)[59]，使消費者可以容易在不同供應廠商間選擇自由的產品，不用因為特定之消耗品或周邊產品而被綁定。此外，標準相容性所帶來的網路效應(network effect)[60]，也經證實可因產品互動性的增加而擴大經濟規模。由此可知，「標準」所產生的特性，可增加使用者選擇產品的自由度、並進而增加消費信心，亦是有助競爭。

在標準制定的過程中，參與者可以容易且有效率的取得市場與技術資訊，也因此有助於減少公司間的交換訊息成本。同時，在散播資訊的過程中，也有著教育新進者的效果，並進而誘發新創新的提出[61]。因此，偕同制定標準透過彼此間訊息交換的行為，除了可使參與者減少花費在開發市場的時間與成本，亦可幫助新技術的開發，有助於研發創新與產業發展。除此之外，一旦標準產品符合標準制定組織所設下之規格，並通過相關之測試認證，即可確保並該商品具有一定之品質與相容互通性[62]。據此，符合「標準」經常是被認知為是符合一定品質保證的產業見證。

更進一步究之，一個可在國際間實施運作的標準，其實也可在不同區域或國家公司間提供相同的理解，而該共通之「認知」除了可避免因為誤解所引起之衝突，更可透過保護交易對象來達到降低貿易障礙的效果。因此，經由標準制定所定義、符合全球需求之相容性技術，除了可保障多方產品來源、擴大經濟規模，也具有促進貿易之功能。

---

[58] 有36%公司認為可藉由標準參與來提升生產力與效率。(CEBR，同註2，頁50。)

[59] 移轉花費指的是消費者捨棄該相關品項或造成的不便所產生的花費，而這些障礙通常具有限制競爭的效果。

[60] 如果有越多的使用者相互連結，如臉書或其它社群網路，將會有越多呼朋引伴的網路效應發生，而此效應通常會產生非線性的正向影響。

[61] 68%沒有實質參與標準制定程序的公司也認為可以從其它公司制定標準的過程中，學習經驗並獲取好處。(CEBR，同註2，頁11。)

[62] 「標準」可為環境、健康、以及安全等相關事務訂下最低或參考之需求規範，而產品經認證後即可成為品質、安全、與相容性的保證，並因此使消費者容易了解並信賴該產品。

綜上可得，「標準」除了可減少生產成本，也可促進創新，更具有增加消費者選擇與促進產業效益[63]，而通常一個成功的「標準」，更因為可以有效地解決問題、而被長時間且廣泛的運用[64]，尤其是那些經由自願參與而制定的「標準」，其所提供的經濟效益則更為顯著[65]。

表 1-4　標準特性與經濟影響

標準特性	市場影響
可媒合協商供應與需求	降低市場進入障礙
可解決意見分歧與問題	進而增進生產效率
可產生網路效應	減少轉移花費、擴大經濟規模
有助於市場與技術資訊散播	鼓勵創新、促進貿易

(資料來源:本著作整理)

（二）「標準」與競爭

「標準」，如前所述，整體上是透過眾人交換分享知識訊息、以謀求最大集合的產業共識，並對外發生影響力的市場競爭行為。由於，美國聯邦最高法院曾認定「共謀(collusion)是競爭法上最大的邪惡[66]」，因此，對於鼓勵參與並共同制定市場規範的「標準」而言，實有必要針對如此集體競爭的行為深入檢討，並檢視是否會發生法律所不允許之共謀或是其它違反競爭之議題。

第一個可能的議題在於，「標準統一了規格並消除了市場上替代性商品」，可能減少了市場上的競爭。事實上，統一之規格再加上資訊的散播，不但可使

---

[63] C. Shapiro，同註 34，頁 138。

[64] DFEACC，同註 18，頁 3。

[65] A. Layne-Farrar, A. J. Padilla, *Assessing the Link between Standard Setting and Market Power*, SSRN ELECTRONIC JOURNAL. 1-40 (2010), at 2.

[66] Verizon Communications Inc. v. Law Offices of Curtis V. Trinko, LLP, 540 U.S. 398 (2004), at 408.

無技術背景的新廠商進入市場的門檻降低，同時也使供應商更容易找到具有技術能力的外包或代工廠商，反而是促使產品大量製造與降低生產成本的動力。由此可知，發展「標準」之結果，不但可藉由產品售價的降低而擴大了經濟規模，更因資訊與規格的共享而降低了進入市場的門檻，實質上乃是促進了市場上的競爭。

　　第二個需要檢視的議題是，「標準使產品失去差異性、削除了市場上的選擇」，可能犧牲了消費者利益。確實，「標準」可能為提供相容或共通性而犧牲了產品彼此間的差異性，但探究其原因，卻是在為市場上剔除不必要、甚至無用的產品功能，反而有助於公司減少花費在不良產品間無效益的營運與生產花費[67]，使之可以集中的發展與開拓新市場。再者，「標準」所提供的互通與相容性，可增加互通之周邊與相容之替代產品的特性，已獲證實可以有效減少移轉花費、增加消費者選擇[68]、有助於創造更有利的競爭環境[69]。

　　第三個討論議題為，「一致的標準規範，其實是一項明確不去生產、散布、或是購買某項產品的協議[70]」，也就是標準規範可能阻礙創新、甚至消除競爭。就標準制定的過程觀之，「標準」本質上是以協同合作(cooperation)來取代相互箝制(lock in)，而就效果而言，該協議其實是分工貢獻的結果，透過所選擇的共通解決方案，有效率的以互補之方式來解決技術與產品上之問題。由於既有投資者不再需要浪費資源在彼此競爭，反而可以將該成本轉移至擴展新技術及產品研發，而新進投資者也可以站在巨人的肩膀上快速前進，不用浪費投資在過往或其他人的失敗經驗上。所以，「標準」其實可以透過互補性的提供來降低

---

[67] 如在海港的貨櫃裝箱，經標準化之一致性貨櫃尺寸，可使裝載作業變得相當簡單。若是貨櫃大小規格不一，貨櫃公司必須依照不同尺寸大小，額外花費人力與時間資源去規劃安裝順序，否則將很容易發生堆疊倒塌的危險。

[68] 最近的例子，標準化的 USB 接頭可以使企業設計生產各種不同功能的周邊產品，透過相容的接頭設計，裝置可以很容易的插拔以及相互界接，同時也可以透過連接其它相容裝置，提供更多樣性的軟硬體界接服務。

[69] CEBR，同註 2，頁 18。

[70] Allied Tube v. Indian Head, Inc., 486 U.S. 492 (1988), at 139.

市場進入障礙,並產生有益於競爭的正向效應[71]。

第四個可能的質疑在於,「標準刻意製造競爭優勢,意圖獨占市場[72]」,損及競爭。如前所言,標準制定組織制定公開透明之協議,使參與者能在具備共識的框架下以合作互補之方式來制定標準規範,而在如此背景之下所產出之標準規範,實際上乃不同於傳統獨立公司獨占力濫用或公司間之聯合行為。事實上,透過標準制定組織的領導,可大大避免將來發生在市場上,因公司間協調或競爭失敗、所引發的風險與代價[73]。因此,「標準」雖在市場擁有極大之競爭優勢,但其目的並非在獨佔市場,反而在標準制定的程序中事先解決將可能發生之競爭問題,以減少在真實市場上的風險。

此外,由於「標準」本身存在著自我改進的機制[74],可在各種不同的技術方法中,持續地統整並更新對消費者最有利的知識與經驗[75]。而在現實世界中,同一個市場也經常存在著不同標準之間的競爭[76],再再說明了標準的內部與外部皆存在著自由競爭的行為。因此,藉由以上種種事證與套論分析,我們不難理解,甚至更可進一步確信,「標準」除了可幫助市場開拓新產品,也可經由協同合作來擴大經濟規模,更可因為減少不必要的競爭風險而促進正向的內部

---

[71] C. Shapiro,同註 34,頁 138。

[72] 美國最高法院闡明獨占或意圖獨占行為違反休曼法第二條規定之構成要件為:「在相關市場擁有獨占力,且透過故意取得或維持其獨占力之行為」。(Verizon 案,同註 66。)

[73] DFEACC,同註 18,頁 5。

[74] 目的在針對標準制定、產品生產後所發生的產品或技術問題,提出修正方案,適時修訂以維持標準產品之品質與持續滿足使用者需求。

[75] R. Pitofsky, *Challenges of the New Economy: Issues at the Intersection of Antitrust and Intellectual Property*, GEORGETOWN LAW FACULTY PUBLICATIONS AND OTHER WORKS, 314. 913-924 (2001), at 918-919.

[76] 如國際電信聯盟(international telecommunication union,簡稱 ITU)所頒布的第四代行動通訊系統 IMT-Advanced 系統,即包含了 3GPP 準制定組織所制定的 LTE-Advanced 與 IEEE 標準制定組織所制定的 WirelessMAN 等兩套無線接取技術標準。3GPP 與 IEEE 的兩套技術標準彼此獨立運作,在全球行動通訊系統市場彼此競爭。此外,在 LTE-Advanced 的行動通訊系統之商用市場中,也存在歐美國家主推的分頻多工(frequency-division duplexing,簡稱 FDD)與亞洲國家主推的分時多工(time-division duplexing,簡稱 TDD)兩個子系統間的國際標準競爭。

與外部競爭。

表 1-5 標準之反競爭疑慮與潛在市場效果

反競爭疑慮	正向市場效果
統一規格減少競爭	降低門檻，擴大市場規模
失去差異性產品、削除市場選擇	剔除無益產品，有助開拓新市場
標準協議消除競爭、阻礙創新	協同合作，互補解決問題
標準競爭優勢獨占市場	降低貿易障礙，減少投資風險

(資料來源:本著作整理)

第二章　標準競爭與相關法律議題

專利法、競爭法、與「標準」三套系統皆被設計用來促進市場發展。然而，因為彼此間發展理念與適用效果之不同，使得三者發展至今，漸漸出現了相互影響與法律議題。

一、標準、專利與競爭

（一）專利制度促進標準制定

專利制度的設計乃是基於社會與經濟學之原理，目的在產生用以鼓勵發展並貢獻新知識於社會之動機[77]。專利權並非是生來即具有的權利，而是基於發明人對社會提供創新與貢獻有用的知識，才會被賦予的一種排他權利[78]。

如果一個創意或發明可滿足專利法所定義之專利性要求，在經過一定之審核程序、衡量該創意或發明是否已達一定的成熟度之後，專利法本於社會契約之報償，即可給予相關於該創意或發明之暫時性權利。在此發展背景下，專利權擁有者得以在一段期間內排除他人利用該創意或發明，並可藉此獲取利益。由於取得專利權之發明文件，必須於一定時限內被公開，以供作未來新創意與新發明之改進與延伸基礎，因此所公開之專利文件，也經常被認為是一種創新與知識發展的標記[79]。

---

[77] Patent Act of 1790, Ch. 7, 1 Stat. 109-112 (April 10, 1790).

[78] Graham v. John Deere Co., 383 U.S. 1 (1966), at 689.

[79] TSB，同註 8，頁 32。

透過如此知識與經驗的堆疊與累績，專利權也因此得以持續的誘發新知識的公開貢獻來促進社會持續進步，而發明人也多樂於利用專利法所賦予的排他權利，來獲取商業上的利益[80]。由於專利法系統允許利用創意知識來產生市場的排它力量，許多專職於技術研發的公司也因此樂意加入制訂標準的工作，貢獻發明以促使更高等級的技術產生[81]。

（二）競爭法關注不利競爭的行為

依據經濟學理論，自由競爭是經濟發展的基本原則，並同時透過排除屏障，使市場交易呈現最佳的狀態；然而，競爭也有可能因市場力量的濫用而破壞交易秩序[82]。此理論基礎下發展成為現今的競爭法體系[83]，使競爭法成為一種透過禁止濫用獨占力量、排除與限制市場的競爭，來創造自由競爭環境的法律規範[84]。

美國的競爭法[85]設計目的在禁止任何為限制貿易或商業，而為契約、合組托拉斯或其它形式之共謀行為[86]、和禁止任何獨占或意圖獨占貿易或商業之行為[87]、以及禁止任何可能導致實質減損競爭或造成獨占之購併或合併行為[88]。歐

---

[80] 專利權的使用形式，取決於專利權人的目標，經常被用於避免競爭者使用其所研發之專利技術，以確保市場的優勢地位，而專利也可授權於第三方來鼓勵後續的改良發明，並藉由交叉授權以結合複數技術來產生更多新商品。此外，專利也經常被使用作為訴訟上的攻擊防禦手段。

[81] TSB，同註 8，頁 37。

[82] H. D. Kurz, *Adam Smith on markets, competition and violations of natural liberty*, CAMBRIDGE JOURNAL OF ECONOMICS, 40(2). 615-638 (2015).

[83] 又可稱為反托拉斯法或反壟斷法，最早可追溯至中古世紀羅馬帝國時期。目前所熟知的競爭規則是在十九世紀由加拿大跟美國所法典化的規則。

[84] TSB，同註 8，頁 32。

[85] 主要由 1890 年通過的休曼法（Sherman Act）與 1914 年通過的克萊登法（Clayton Act）所組成。

[86] Sherman Act, 15 U.S. Code § 1, "Every contract, combination in the form of trust or otherwise, or conspiracy,…, is declared to be illegal."

[87] Sherman Act, 15 U.S. Code § 2, "Every person who shall monopolize, or attempt to monopolize, or combine or conspire with any other person or persons, …, shall be deemed guilty of a felony."

盟競爭法也明文禁止以妨害市場競爭為效果或目的之行為[89]，並訂下衡量是否違反競爭法之基本準則[90]。綜言之，競爭法阻攔任何不利於競爭與創新的聯合或壟斷之市場行為，並藉由禁止可能影響貿易市場的限制競爭行為來鼓勵創新，包含禁止會產生限制自由市場競爭的聯合行為、禁止濫用獨占市場力量的行為，以及監控可能導致市場集中的併購行為[91]。

　　簡言之，競爭法主要關注的，是市場上是否存在聯合或其它不正當之行為來維持或取得獨占力量、限制或是排除競爭之行為[92]。然而，高科技產業所產生的網路群聚效益，會隨著使用者的增加而產生正向的網路外部性(network externalities)[93]，經常使「標準」所提供的相容性與互通性已經成為一個難以跨越的市場門檻，其巨大的市場力量幾乎形成獨占[94]。

---

[88] Clayton Act, 15 U.S. Code § 18, "No person engaged in commerce or in any activity affecting commerce shall acquire, directly or indirectly, the whole or any part of the stock or other share capital ..., the effect of such acquisition may be substantially to lessen competition, or to tend to create a monopoly."

[89] Treaty on the Functioning of the European Union (TFEU), Article 101, "The following shall be prohibited as incompatible with the internal market : all agreements between undertakings, decisions by associations of undertakings and concerted practices ..., and in particular those which:

(a) directly or indirectly fix purchase or selling prices or any other trading conditions;

(b) limit or control production, markets, technical development, or investment;

(c) share markets or sources of supply;

(d) apply dissimilar conditions to equivalent transactions with other trading parties, thereby placing them at a competitive disadvantage;

(e) make the conclusion of contracts subject to acceptance by the other parties of supplementary obligations which, by their nature or according to commercial usage, have no connection with the subject of such contracts."

[90] European Commission (2004), "Guidelines on the application of Article 101(3) TFEU," Official Journal of the European Union, Journal No C 101 of 27.4.

[91] TSB，同註8，頁32。

[92] Pitofsky, R.，同註75，頁914。

[93] 又稱網路效應，指某一網路所連結的人數越多，每一個使用者將獲得越大的連結性價值。如社群網路越大，彼此所連結的力量也越大，群聚效應也越明顯。

[94] Pitofsky, R.，同註75，頁916。

（三）標準專利授權與不公平競爭

「標準」是一個共同理解以及遵循的規範，具有為市場增加經濟滲透(interpenetration)、促進發展以及改善供給狀態的特性。標準已經證實可使市場趨向促進競爭，整體來看是有利經濟發展[95]，尤其隨著網路科技發展的數位匯流所衍生的需求，使得現今的互聯世界越來越仰賴軟體與硬體的相容互通性，更鼓勵了不同公司共同參與發展並貢獻技術來彼此競爭[96]。然而，標準參與者所貢獻之技術一旦被標準採用，可能連帶地改變保護該技術的專利價值，而該價值的改變，其實並非來自於創意發明的本身，而是因為標準技術的必要實施，使市場上替代技術消失，間接地讓專利權人額外獲得了專利排他權之外的市場力量[97]。

「標準關鍵智財(standard essential patent，簡稱關鍵智財)」，指的就是寫入(read on)標準，而採用者(adopter)必須要經授權或交互授權等方式，才能獲得實施該標準技術之權利[98]。在關鍵智財額外的力量加持下，專利權人因為擁有了額外的商業籌碼，而可對標準實施者在授權談判時施加壓力，甚至衍生對市場的負面影響[99]。有研究證實，導因於關鍵智財授權的法律爭議，如合理授權金(reasonable royalties)[100]與授權基準(royalty base)[101]，是一個越來越須重視之問

---

[95] R. Schellingerhout, *Standard Setting from a Competition Law Perspective*, Competition Policy Newsletter. 1-9 (2011), at 3.

[96] 同前註，頁 4。

[97] 同前註，頁 4。

[98] 相對的，若一個實施者在依照標準規格實施時，可以選擇性的不使用該技術，那麼這個技術所連結的標準專利即為非關鍵智財(non-standard essential patent，簡稱 Non-SEP)。

[99] 過高的授權金，可能壓縮廠商因研發新技術或製造產品所能回收的利潤。再者，如果標準市場未達一定之經濟規模，這些授權金壓力負擔可能使得標準產品根本不會被生產，嚴重時甚至可能導致市場消失。

[100] 何謂合理，一直存在著許多不同的論述，多數意見認為合理的獲益不應超過該技術在寫入標準後所能提供的好處，因此授權金之主張應受到限制。但也有研究認為合理利益其實是源自於實施標準的使用者與消費者，應基於專利本身所應得利益來計算，不應該受限於標準化所帶來之好處。

題。此外，隨著「標準」的市場發展越來越蓬勃[102]，標準專利的數量也持續增加[103]，使關鍵智財成為越來越有價值之資產(asset)[104]，致使相關於關鍵智財的訴訟越來越普遍[105]，甚至形成了一股標準專利移轉授權的流行(fashion)[106]。

　　要維持一個健全良善的標準運作市場，除了讓標準參與者持續對消費者做出貢獻之外，也必須使標準專利持有者與標準實施者之間利益取得平衡[107]。為此，標準制訂組織所訂之智慧財產權(intellectual property rights，簡稱 IPR)政策，目的即在平衡標準專利持有者與標準實施者間之利益，以避免專利權之排他力量在市場上遭到不正當之使用。然而，若是所訂之智慧財產權政策不夠健全，甚至模糊[108]，或是專利持有者不願意遵守智慧財產權政策，那麼，關鍵智財之

---

[101] 專利權人，可能為取得較高額之授權金，而以較高售價之裝置或元件作為權利金計價單位。美國法院認為授權基準應限制在能夠實現一個專利技術基本功能所包含的原件，又稱為「最小計價單位(smallest saleable patent practicing unit)」(Cornell University v Hewlett-Packard Company, 609 F Supp 2d 279 (N.D.N.Y. 2009).)。不過實務上，對於最小計價單位之認定仍存有爭議。

[102] 此處指有越來越多的產品倚賴標準規範所提供的技術與功能來進入或擴展市場。

[103] 隨著產品功能與需求的增加，標準規範內含的關鍵智財數量也持續增加。截自 2012 年止，已有四萬五千件數量的關鍵智財在標準制定組織完成宣告。甚且，在全球宣告擁有關鍵智財超過 100 件的標準制定組織共有 24 個，大部分集中在電信與行動通訊系統產業，包含 GSM、WCDMA、LTE、Wi-Fi、與 WIMAX 等，而其中第三代行動通訊系統標準相關的關鍵智財更高達一萬六千件。(TSB，同註 8，頁 61。)

[104] 關鍵智財可直接交易為公司把注獲利，也可以成為有力的談判手段獲取高額授權金，或其它直接與間接之利益。

[105] 關鍵智財相關訴訟所耗費的時間約為一般專利訴訟的五倍，顯示關鍵智財持有人願意花費更多之成本在主張其相關權利，也反應出關鍵智財擁有更高商業價值的事實。(TSB，同註 8，頁 61。)

[106] 關鍵智財的流動與市場變動息息相關，公司會考量許多商業原因來處分或購入關鍵智財，例如公司可能因財務困難而處分其所擁有之關鍵智財以獲取資金把注，或有可能因考量新商業計劃而購入其他關鍵智財。在 2011 年至 2013 年間，全球資訊通訊技術產業即發生超過 10 件的大型專利授權事件，其中 Nortel 公司在 2011 年即因為無償債能力而處分掉 6000 件專利，授權金額更高達 4.5 億美金。(TSB，同註 8，頁 63。)

[107] TSB，同註 8，頁 55。

[108] 標準制訂組織為避免太過嚴格之專利授權政策，所可能造成聯合的市場價格操控，因此多傾向制定較為寬鬆的智慧財產權政策，以將具體與細節之授權內容留給專利持有者與實施者自由協議談判。在此原則下，所有關鍵智財持有者皆可依據公司與產業特性，各自與標準實施者洽談授權金。

專利權仍有可能因遭到不正當之使用，而發生事後(ex post)競爭之問題[109]，甚至可能成為損害市場競爭的元凶[110]。

專利挾持(patent hold-up)[111]、專利埋伏(patent ambush)[112]、與「非實施專利事業體（non-practicing entity，簡稱 NPE）[113]」的任意興訟，皆是不正當使用關鍵智財之典型案例。專利挾持指的是專利權人利用標準技術的必要實施，對標準實施者索取不正當之專利授權金、或強加其它不合理負擔[114]。專利埋伏的問題，則來自於標準制定組織之會員在參與標準制訂時，隱藏其擁有關鍵智財之事實，待標準制訂完成後，始對其他已經實施標準技術之公司主張該標準專利之權利[115]。非實施專利事業體，俗稱專利蟑螂或專利流氓（patent troll），指本身雖為專利權人，但卻不從事產品製造或專利實施，反而以談判或其它脅迫方式向專利實施者施加壓力以收取高額授權金，甚至透過侵權訴訟索取鉅額賠償金。若在無涉於標準專利之市場，專利實施者可透過迴避設計(design around)之方式，或是使用其它替代技術，來避免使用非實施專利事業體之專利技術。但若市場涉及標準專利，非實施專利事業體則可運用關鍵智財必要實施之特性，而使標準實施者落入無法迴避之困境。

---

[109] C. Shapiro，同註 34，頁 128。

[110] D. Acemoglu，同註 5，頁 47。

[111] C. Shapiro，同註 34，頁 124-128。

[112] R. Schellingerhout，同註 95，頁 4-5。

[113] 又稱專利運用事業體(patent assertion entity，又簡稱 PAE)，多使用軟體或商業方法提起侵權訴訟，對於科技產業的影響尤其巨大。依據實證分析，非實施專利事業體所提起的訴訟數量，約占軟體專利的 41%，顯見此問題嚴重之程度。(J. E. Bessen, M. J. Meurer, J. L. Ford, *The Private and Social Costs of Patent Trolls,* SSRN ELECTRONIC JOURNAL. 1-35 (2011), at 24)

[114] 美國法院認為專利挾持可能源自於標準箝制，使專利權人得以將「標準」所附加之市場力量任意運用在授權談判的過程中。(Broadcom Corp. v. Qualcomm Inc., 501 F.3d 297 (3rd Cir. 2007))

[115] 以 Rambus 案為例，Rambus 在參與制定 JEDEC 標準時並未將提案之 DRAM 讀寫技術申請成專利，而是等到 JEDEC 取得商業上的成功、成為全世界共通之標準技術後，才開始向其它實施者索取巨額授權金、甚至提起侵權訴訟。導因於龐大的市場轉移代價問題，Rambus 因此取得該市場之獨占地位。(Rambus Incorporated v. FTC, No. 07-1086 (D.C. Cir. 2008))

表 2-1　標準專利之反競爭議題

專利挾持	專利埋伏	非實施專利事業體
利用標準專利 索取高額授權金 或強加不合理負擔	隱藏關鍵智財 待標準制訂後 主張高額授權金	利用標準專利 施加壓力 索取侵權賠償金

(資料來源:本著作整理)

（四）智慧財產權政策是目前的關注重點

　　為維持合理且足夠之誘因，來使創新者能夠持續的貢獻發明，標準制定組織必須審慎的檢視標準制訂程序與機制並建立起一個可靠的智慧財產權政策，使得在保證標準專利權人可合理的取回應得之報酬[116]的同時，也能避免標準力量遭到濫用[117]。友善(Friendly)的公平(fair)、合理(reasonable)、與非歧視(non-discriminatory)承諾(簡稱 RAND 或另稱 FRAND)，即是在此種背景下被發展出來。

　　RAND 承諾被用來限制標準專利權人在進行授權時的談判力量(bargain power)，用意在避免標準專利權人對專利實施者索取過高的授權金，而造成挾持(hold-up)的問題[118]。依據如何確保在 RAND 原則下的授權可能性，標準的智慧財產權政策可分為基於參與(participant-based)[119]與基於保證

---

[116] 同前註，頁 65。

[117] 同前註，頁 55。

[118] 同前註，頁 64。

[119] 公司在一開始成為標準會員或參與標準制訂時，即應遞交一份基於免授權(royalty-free)或公平、合理、非歧視的授權聲明。在會員向標準制訂組織遞交該聲明後，未來即必須以承諾之方式進行標準專利授權。例如 IEEE 標準組織會要求參與會員遞交一份保證信(Letter of Assurance，簡稱 LOA)，以公開其在未來關於關鍵智財之授權立場及態度。(請參閱本著作之附錄三，IEEE 專利政策)

(commitment-based)[120]兩種。不過，無論是何種智慧財產權政策，其目的皆在確保已知標準專利的持有者必須至少以友善、公平、合理、與非歧視的方式來與專利實施者洽談授權[121]。然而，另有研究擔心，若對標準專利權人限制過多的權利，將不可避免的使標準實施者無所忌憚的任意實施標準技術，而不積極要求授權，反而有可能會產生反挾持(hold-out 或稱 reverse hold-up)的現象[122]。

綜上，智慧財產權政策一直以來是在發展標準上的重要議題，而也有越來越多的學術研究證實，導因於標準專利授權的專利挾持與反挾持，是一個越來越嚴重的問題[123]。

二、歐美對標準專利之管制

（一）標準專利於公平競爭之管制難題

專利權之賦予、公平競爭之管制與標準規範之制訂，三者之目的皆在支持並鼓勵創新，以促進市場之發展。然而，三者不同的運作機制，著實也存在著一些相互影響的議題。

首先，專利法授予專利權人暫時性的權利，提供了可排除競爭者使用所研發創新技術的機會。但若專利權利用不當，將可能發生如專利挾持或專利埋伏等，影響公平競爭之結果。

---

[120] 當一個專利被認定成為標準關鍵智財之後，專利權人即須提出一份保證授權之協議，也就是賦予標準專利持有者宣告之義務。例如 ETSI 標準組織會要求會員在標準制定過程中，一旦得知持有關鍵智財後，無論是經自己發現或經告發，即應盡快宣告符合 FRAND 原則之授權態度。(請參閱本著作之附錄四，ETSI 智慧財產權政策)

[121] 關於進一步的協商過程，基本上將留給專利持有者與標準實施者雙方協調處理，標準制定組織並不介入該過程。(請參閱本著作之附錄四，ETSI 智慧財產權政策)

[122] TSB，同註 8，頁 64。

[123] A. F. Abbott, *Standard Setting, Patents, and Competition Law Enforcement – The need for U.S. Policy Reform*, CPI Antitrust Chronicle. 1-16 (2015), at 13-14.

　　接著，標準制訂組織原則上是透過公開公平的制定程序，來為各競爭者創造可平等貢獻與存取標準技術之空間。然而，標準規範之制定，形式上其實也是一種將原本存在著競爭關係之參與者聚集在一起、共同制定市場規則之行為。在此背景下，仍不免被有心人所利用，以標準技術的必要實施性，透過高額或拒絕授權之手段，來阻卻甚至消除競爭他人之競爭。

　　最後，傳統的競爭法原則上是藉由排除競爭屏障來維持公平競爭。可是在標準制定過程中的競爭方式，卻是一種凝聚眾人知識力量，一方面對內維持相容與互通性，另一方面卻也發生對外鞏固競爭屏障的效果。以「標準」所創造的市場特性而言，這種導因於網路外部性，而且會隨著使用者增加而越趨穩固的獨占力量，究竟是否應為傳統競爭法所欲排除之競爭障礙，值得深究討論。

　　在制定標準過程中，標準專利的產生與獲取，本質上與傳統市場的競爭模式有著極大的差異，也使得競爭法之適用逐漸出現挑戰。隨著「標準」的市場發展，標準專利所帶來的龐大商業利益也使得全世界專利申請越形浮濫[124]，已有研究擔心如此龐大專利數量所形成的專利叢林(patent thickets)現象，將會助長侵權訴訟的興起，甚至成為阻礙新競爭者進入市場的力量[125]。

（二）美國採衡平原則使用救濟制度

　　針對一般之專利侵權行為，美國專利法明文規定合理權利金的補償[126]以及最高三倍權利金的懲罰性條款[127]，此外，禁制令的聲請亦是一種排除侵害的可能救濟方式[128]。為衡平私益(private interest)與公益(public interest)，美國亦設下

---

[124] 全球五大專利局的專利發證數量，從 2003 年至 2012 年開始幾乎呈倍數成長，從每年 50,000 件成長至每年 924,000 件。(TSB，同註 8，頁 35。)

[125] 同前註，頁 35。

[126] 35 U.S.C. §284 (a), "Upon finding for the claimant the court shall award the claimant damages adequate to compensate for the infringement."

[127] 35 U.S.C. §284 (b), "When the damages are not found by a jury, the court shall assess them. In either event the court may increase the damages up to three times the amount found or assessed."

[128] 是一種法院可以針對違反法律或是專利侵權行為的一種裁定，用意在終止法律違反的狀態，或是避免損害的繼續發生。然而，禁制令卻不是每次違反法律或專利遭到侵權皆可以主張，法院會依據個

了專利權保護之界線:「當專利侵權發生時,專利權人若實施特定之行為,將被視為專利權濫用(misuse)或不法擴張(illegal extension)權利,其救濟之權利將不能主張[129]」。從專利侵權的案件實務來看,最高法院於 eBay 案[130]認定金錢填補是一般專利侵權行為的合理救濟方式[131],而在其它案件中,法院也認為合理的權利金即可填補專利權人之損失[132],即使是惡意侵權的情況,高過一般合理範圍的懲罰性權利金也應已足夠[133]。

自 1980 年起,美國法院關於專利濫用的處理原則已開始導入競爭法之分析方法[134],並發展出兩階段分析 (two-step analysis)之標準[135],建立以合理原則來判斷是否成立專利濫用之機制。並在 1988 年專利法修正後,逐步朝向競爭法的

案、在權利保護與所受損害(hardship)之間,尋求平衡以決定是否核發。(Weinberger v. Romero-Barcelo, 456 U.S. 305. 311-313 (1982))

[129] 35 U.S.C. §271(d), "No patent owner otherwise entitled to relief for infringement or contributory infringement of a patent shall be denied relief or deemed guilty of misuse or illegal extension of the patent right by reason of his having done one or more of the following: (1) derived revenue from acts which if performed by another without his consent would constitute contributory infringement of the patent; (2) licensed or authorized another to perform acts which if performed without his consent would constitute contributory infringement of the patent; (3) sought to enforce his patent rights against infringement or contributory infringement; (4) refused to license or use any rights to the patent; or (5) conditioned the license of any rights to the patent or the sale of the patented product on the acquisition of a license to rights in another patent or purchase of a separate product, unless, in view of the circumstances, the patent owner has market power in the relevant market for the patent or patented product on which the license or sale is conditioned."

[130] eBay, Inc. v. MercExchange, L.L.C. , 547 U.S. 388 (2006)

[131] 同前註,Roberts, C. J. 協同意見,頁 2-9。

[132] z4 Technologies, Inc. v. Microsoft Corp., 434 F. Supp. 2d 437 (E.D.Tex.2006). 442 (2006).

[133] Apple Inc. v. Motorola Mobility, Inc., 757 F.3d 1286 (Fed. Cir. 2014), Proser, C. J. Concurring Opinion. 17. (2014)

[134] USM Corp. v. SPS Technologies, 694 F.2d 505 (7th Cir. 1982).

[135] 法院必須先判斷所指控之侵權行為,是否落在該專利之物理或時間空間的權利範圍內;若在範圍內,則該指控之行為並不違法。假如經第一階段判斷,該權利主張已超出權利範圍,則法院再繼續判斷行為是否產生反競爭之效果。(Windsurfing International, Inc. v. AMF Inc., 828 F.2d 755 (Fed. Cir. 1987))

分析模式發展，以經濟之理性與效益作為最根本的分析基準[136]。

在標準專利之相關案件中，美國聯邦法院為避免專利權人為了私益而濫用標準專利之排除侵害請求權[137]，因此限制禁制令成為專利侵權之救濟，並進一步認為使用禁制令取回公平合理權利金之手段其實已違背善意與公平原則(duty of good faith and fair dealing)[138]。另一方面，美國聯邦貿易委員會(Federal Trade Commission，簡稱 FTC)也於 2013 年作成決議，認為針對標準專利的排除侵害請求權之救濟，可能會因違反當初參與標準制定時的 RAND 承諾，而被認定為是不公平或欺騙(unfair or deceptive)的競爭行為[139]。

發展至今，美國已經可以透過契約法與相關民事救濟制度的衡平原則，來限制專利權人對標準專利的不當權利行使[140]，因此運用競爭法來處理標準專利法律案件的必要性也隨之降低。

（三）歐盟積極採競爭法管制並設下判斷基準

對於不正當主張專利權而影響公平競爭之法律問題，歐盟相對積極的運用競爭法作為管制手段，主要以歐洲聯盟運行條約(Treaty on the Functioning of the European Union，簡稱 TFEU 條約)第 102 條[141]來處理相關問題。該條文目的在

---

[136] 范建得、莊春發、錢逸霖，「管制與競爭：論專利權的濫用」，行政院公平交易季刊，第十五卷第二期，2007 年 4 月，頁 6。

[137] Microsoft Corp. v. Motorola, Inc., No. 14-35393 (9th Cir. 2015).

[138] 同前註，頁 47。

[139] FTC Decision and Order, In the Matter of Motorola Mobility LLC, a limited liability company, and Google Inc, Docket No. C-4410. (2013).

[140] 「任何違反 FRAND 承諾的行為應該由契約法來加以處理，而不應被視為違反了競爭法」（請參閱美國司法部反托拉斯局局長 Makan Delrahim 於 2017 年 11 月在南加州大學古爾德法學院之演講。(Retrieved from https://www.justice.gov/opa/speech/assistant-attorney-general-makan-delrahim-delivers-remarks-usc-gould-school-laws-center, last visited 03/16/2019.)

[141] TFEU Article 102, "Any abuse by one or more undertakings of a dominant position within the internal market or in a substantial part of it shall be prohibited as incompatible with the internal market in so far as it may affect trade between Member States."

禁止任何擁有獨占地位的公司或實體，濫用市場力量之超額價格[142]、限制生產、或其它阻礙創新的歧視行為，並引入經濟理論來成為反競爭分析的判斷基礎。在 Microsoft 一案中[143]，歐盟法院(Court of Justice of the European Union，簡稱 CJEU)並整理出判定原則，用以判斷專利權之主張是否而違反公平競爭[144]。

關於禁制令聲請的核准原則，德國聯邦最高法院已於 2009 年橘皮書(Orange Book)[145]設下標準，在滿足特定條件下[146]，專利權人不得因專利侵權而聲請禁制令。歐盟執行委員會(European Commission)更進一步認為[147]，標準專利權人尋求禁制令救濟之行為，有可能因構成獨占地位之濫用[148]，而被視為是濫用市場力量[149]。歐盟執行委員會甚至認定，不遵守制定標準時所承諾之 RAND 授權而聲請禁制令、並主張排除專利侵權之損害[150]，將產生限制競爭效果，視為是濫用市場獨占地位之行為[151]。其後，歐盟法院亦確認了 TFEU 條約第 102 條對於標準專利之適用標準[152]為：「若專利權人已承諾了 RAND 授權、卻對有

---

[142] 若產品的定價與其經濟價值之間無合理關係，即是超額價格。

[143] Case C-T-201/04, Microsoft v. Commission, 2007 E.C.R. II-3601. (2007)

[144] 若行為上與銷售於第二市場之必要產品或服務有關，而目的上在排除第二市場之競爭，若效果導致新產品無法出現，即是違反競爭。

[145] Orange-Book-Standard, BGH, Urt. V. 6.5 – KRZ 39/06, GRUR 2009. 694 (2009).

[146] 即(1)潛在被授權人已向專利權人提出願意無條件締結授權契約的要約，並確認遵守該要約。(2)潛在被授權人已實施系爭專利，且遵守待締結之授權契約義務，如先提出權利金計算方式、支付權利金或辦理提存等。(3)專利權人仍拒絕授權。

[147] Case C-3/39.939, Samsung Elec. Enforcement of UMTS standard essential patents (27th Sep. 2013).

[148] 聲請禁制令是專利權人面對侵權行為得依法主張之權利，但在某些情況下，專利權人尋求禁制令之救濟可能會被認定為獨占地位濫用。

[149] Orange-Book-Standard，同註 145。

[150] 在專利權人已自願為 RAND 承諾，且被授權人也承諾願意接受法院認定之 RAND 授權金的情況下，若專利權人無正當理由卻依然聲請禁制令，即可構成專利之排除侵害請求權的濫用。

[151] Case AT. 39985, Motorola-Enforcement of GPRS Standard Essential Patents, Commission Decision, C92014)2892. (2014).

[152] Case C-170/13 Huawei Technologies Co. Limited v. ZTE Corp. (Fifth Chamber, 16 July 2015).

意願接受授權之侵權人聲請禁制令，即為濫用獨占地位之行為[153]」。

　　著眼於「標準」所帶來的龐大經濟利益，歐盟執行委員會認為只要嚴格保護使用者利益並避免限制競爭之行為，其實可以在事前避免不公平競爭之爭議[154]。因此歐盟執行委員會制定了可在事前避免競爭法審查的安全港 (Safe Harbour)指導原則[155]，並在標準制訂之前檢視標準協議是否產生違反競爭之影響，以確保標準制訂組織在其後所制訂的任何規範都會是促進經濟效益[156]。該原則包含標準會員在參與標準制訂時必須不受到限制[157]，標準制訂的程序必須透明[158]，實施者並沒有強制採用標準之義務[159]，以及制定或使用標準必須採用公平合理非歧視之智慧財產授權原則[160]等等。

　　在該指導原則公布後，歐洲電信標準協會(The European Telecommunications Standards Institute，簡稱 ETSI)隨即回應歐盟執委會的要求，藉由修改標準制訂之規則，強調會員的揭露義務，減少了專利埋伏的風險[161]。不過，有研究認為在此指導原則之下，所制定的管制方式並無法完全地避免反競爭之風險，仍有可能發生標準專利遭到濫用，或專利權人在標準規範公布後挾持標準實施者之

---

[153] 但若專利權人已先警示侵權者其侵害系爭專利之行為且明確指出其侵害之方式，而侵權者卻仍繼續使用系爭專利，同時亦未積極的回應專利權人之要約時，此種情況下提起禁制令之行為，將不被認為是濫用獨占地位。

[154] R. Schellingerhout，同註 95，頁 4。

[155] 同前註，頁 5-7。

[156] GreenbergTrauring, *EU competition: Industry standards and antitrust compliance*, Greenberg Traurig Maher LLP. (2011). (Retrieved from http://www.gtmlaw.com, last visited 03/16/2019.)

[157] 標準制訂組織必須保證市場內之競爭者都可以參與標準制訂，同時也必須使用非歧視、公開與透明的投票原則。

[158] 對於標準制訂程序、以及未來或是即將完成的標準工作，都必須在適當時機有效率的公布予利害關係者知情。

[159] 會員必須可以自由的發展或是生產替代產品或技術，不一定要強制使用已經同意之標準規範。但若是標準之決議強迫會員只能使用與標準相容之產品，那麼競爭風險將仍可能存在。

[160] 目的在標準的公平合理且有效率使用。以一般實務來說，專利權人直接拒絕授權的情況是非常少見的。

[161] R. Schellingerhout，同註 95，頁 3。

情形[162]。

表 2-2　歐盟與美國對於標準專利案件之處理原則

	美國	歐盟
精神	以衡平原則來排除侵害	以經濟理論來分析反競爭影響
處理原則	使用契約法與民事救濟 傾向不核發禁制令	設下禁制令核發標準 制定事前檢視反競爭之指導原則

(資料來源:本著作整理)

三、標準專利權以外之反競爭議題

　　除標準專利的濫用問題外,標準參與者濫用標準制訂之程序,並進而將競爭者排除在市場之外,也已被認定是一個可能違反競爭的問題[163]。

　　經由實證研究很清楚的指出[164],公司在參與標準制訂時會比直接使用標準獲益更多,而因此部分公司也有可能會為了自身特定的利益,甚至不惜犧牲廣大市場的利益,甚至違反公平競爭的規範[165],使標準制訂組織做出迎合自身、但卻可能損及他方利益之決議。

　　由於一個標準制訂組織如何決定標準規範,通常取決於投票力量(voting power)與市場力量間之互動[166]。在此情況,卻常常會因為各參與者不同的立場

---

[162] C. Shapiro,同註 34,頁 128。

[163] 同前註,頁 139。

[164] 同前註,頁 56。

[165] TSB,同註 8,頁 28。

[166] D. F. Spulber, *Standard setting organisations and standard essential patents: Voting and markets*, THE ECONOMIC JOURNAL. 1-63 (2018), at 46.

與彼此間之利害衝突而產生凝聚共識的困難[167]。由於擁有技術或市場占有率之公司，往往因為擁有優勢的資訊或地位，而具有左右標準的發展與制定之力量[168]。在此情況，標準制訂程序之濫用，指的是「市場力量藉由制定標準的過程而轉移至參與者身上，使標準決策受到市場上主要力量的影響而傾斜[169]」。

　　綜上所述，少數擁有技術或市場力量之公司，或藉由公司間聯合行為所產生具有技術或市場力量之公司集團，皆可能藉由控制或影響標準組織之架構、制訂程序或其它標準活動來謀取市場不正當之利益，甚至衍生反競爭之議題[170]。甚且，若標準參與者在制定過程中，彼此交換甚至討論可能影響產品價格或市場銷售的敏感資訊，理論上亦有可能構成協議損害競爭的聯合行為[171]。

四、小結

　　標準所產生市場力量以及近年來商業模式的發展成功，使得公司更積極的研發專利技術並投入標準制訂。標準專利權人非法主張專利的權利、或是請求過多救濟之結果，也已確定是形成不公平競爭的原因之一。

　　美國法採用合理原則來衡平標準專利權人與實施者間之利益，並以損害填補與限制不當權利行使之方式以為救濟。然而美國法院為標準專利權行使分析所設下之條件與判准，有可能會因為標準市場的多樣性[172]，而在處理個案時，增加市場界定的困難與複雜度。另一方面，歐盟設下安全港指導原則，檢視未

---

[167] 在制定標準的過程中，會有來自不同市場地位之代表，如經銷商(distributor)、製造商(producer)、供應商(suppliers)、與發明家(inventor)等，依據各自立場發表意見，彼此相互競爭。

[168] CEBR，同註2，頁25。

[169] TSB，同註8，頁28。

[170] V. Torti，同註7，頁58-59。

[171] 同前註，頁42。

[172] 以知識型經濟為例，廣泛的標準市場包含，標準自身市場、標準相關的產品與服務市場、智慧財產權利相關的特定技術市場、以及測試與認證市場。

來的標準規範是否會在符合公平合理非歧視之原則下來制定，用意在預防標準
專利遭到利用而發生獨占市場之情況。由於該指導原則並無法於事前就觸及全
部的市場競爭議題，因此仍可能在事後發生挾持的問題。除前述主張標準專利
權之問題外，標準規範在標準制訂組織內部制定的發展過程中，亦可能存在著
其它的反競爭風險。

　　從經濟的學術研究來看，「標準」已被證實可產生比專利授權獲取更大的
經濟效益[173]，而現今問題的困難點在於：「要如何將經標準所賦予的合法價值，
從非法掠取之市場力量中分離開來[174]」。究竟要如何為「標準」的市場來界定
範圍、判斷其市場力量來源、進而分析不公平競爭之行為與所造成之損害，目
前學術已有諸多討論[175]。

　　知名芝加哥學派學者 Frank H. Easterbrook 法官曾說過 ：「一個專門處理競
爭法爭議之法院必須要判斷市場利益是否源自於獨占力量[176]」，再再顯示表示
判斷市場力量，是一項在處理標準市場競爭與反競爭行為時，一個相當重要的
法律議題。

---

[173] Hank J. de Vries，同註 36，頁 131。

[174] A. Layne-Farrar，同註 65，頁 37。

[175] 相關研究討論請參閱 范建得、鄭緯綸，「論資訊軟體產業市場力量之管制─以微軟案為主軸」，行
政院公平交易季刊，第十八卷第一期，頁 1-42，2010 年 1 月、周伯翰，「技術標準制訂與競爭法規
範及專利權濫用之檢討」，《科技法律評析》，第五期，頁 39-91，2012 年 12 月、與黃惠敏，「標
準必要專利與競爭法之管制─以違反 FRAND/RAND 承諾為中心」，《中原財經法學》，第三十六
期，頁 171-243，2016 年 6 月。

[176] F. H. Easterbrook, *The limits of antitrust*, 63 TEXAS LAW REVIEW 1. 1-41 (1984),at 29. (原文為"an
antitrust court should handle cases … by asking whether profits depended on monopoly")

第三章　標準相關市場與市場力量

　　有研究指出，傳統競爭法之經濟分析方法論，多著重在於靜態的價格與競爭分析[177]，但若是要完成標準動態之反競爭行為的調查分析，代價其實是相當巨大而且困難[178]。因此，一套有系統的市場分析方法，用以判斷競爭行為是否正當、該行為是否屬於獨占力濫用、以及是否產生排除競爭與限制競爭之效果，是一個相當重要的法律議題[179]。然而，在進入法律論證之前，必須先界定標準之相關市場，並用以釐清可影響該市場競爭之獨占力量。因此，本章節以日益蓬勃發展之標準市場為例，先採用科學歸納分析之方式，嘗試整理出存在於該市場內、運用智慧財產實行競爭之商業化模型，用以界定標準市場[180]，並隨後釐清出可影響標準相關市場競爭之力量。

一、知識型經濟與標準商業化

　　在知識型(knowledge-based)經濟中，標準市場為運用包含智慧財產之知識型商品的市場，而制定與實施標準之行為，其實乃是運用智慧財產的商業化過程。本章節將逐一分析，並論述之。

---

[177] Pitofsky, R.，同註 75，頁 918-919。

[178] A. F. Abbott，同註 123，頁 5。

[179] 陳志民，「經濟分析適用於公平交易法之價值、例示與釋疑」，《財產法暨經濟法》，第二十七期，頁 55-61，2011 年 9 月。

[180] 關於市場界定之方法與難題，請參閱 范建得、鄭緯綸，「論資訊軟體產業市場力量之管制—以微軟案為主軸」，《行政院公平交易季刊》，第十八卷第一期，頁 5-6，2010 年 1 月。

（一）知識型經濟與商品

科學是基於一連串的假設以及研究驗證的結果，創新則是藉由累積科學知識而發想新創意的過程[181]。藉由新創意的提出，使用者可以獲取更新、更多樣的商品與服務，間接促進了經濟發展以及社會福利的提升。由於創意的呈現與散播，對滿足市場的需求非常重要，若將創新的產品散播至市場上，並幫助其找到適當定位，使該產品產生商業價值，則該行為即可被稱之為「商業化(commercialization)[182]」。例如，製造或組織商品在市場獲利，將產品置入商業活動獲取利益，以及將知識與技術從研發中心轉移至市場，皆是一種商業化的行為。

知識型經濟，指經濟活動必須在某種程度仰賴資訊的產業[183]，擁有比傳統經濟型態更為集中的智慧資本(intellectual capital)與人力資本(human capital)結構[184]，是一個透過知識集中，並提供鼓勵機制，用以創造有益發明之經濟。在非知識型經濟的產業中，因產品功能較為單純，可能未經任何科學之研究設計，即被推出至市場上販售；在知識型經濟，產品必須先經歷一定階段，研究設計可利用智慧資本提升商品效能與品質之方法，再藉由將研發成果實現在產品上，完成製造後才可在市場銷售[185]。接著，在發展知識型經濟之背景下，使智慧財產成為了知識型商品之必要元素。

運用於知識型商品上之智慧財產，由於已具備可供交易之市場價值，因此智慧財產已被證實，成為了一種具備經濟價值的商業指標[186]。在可供交易且具備經濟價值之現實基礎下，智慧財產在知識型經濟，亦可被認定為是一種已完

[181] C. Shapiro，同註 34，頁 119-120。

[182] A. Aslani, H. Eftekhari, M. Hamidi ,B. Nabavi, *Commercialization Methods of a New Product/service in ICT Industry: Case of a Science & Technology Park*, ORGANIZACIJA, 48(2). 131-139 (2015), at 132.

[183] OECD，同註 3，頁 3。

[184] Z. J. Acs，同註 4，頁 1069。

[185] 知識型經濟最經典的例子，就是在研發創造產品時，將知識轉化成為智慧財產，並將該智慧財產實施於所生產之商品上。

[186] Z. J. Acs，同註 4，頁 1069。

成定位，且可在市場散播之知識型商品。因此，我們可以整理出「知識型經濟包含兩種商品，一種為代表著知識結晶的智慧財產，另一種則是包含智慧財產之實體產品」。

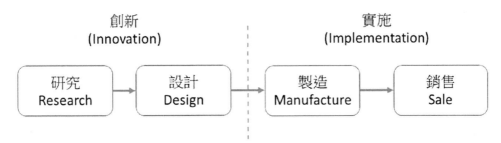

圖 3-1 知識型經濟之商業化過程

資料來源：本著作繪製

（二）知識型經濟之商業化模型

知識型經濟之範疇，包含了研究設計智慧財產，以及生產銷售蘊含智慧財產之知識型商品。一般知識型經濟之商業化過程，通常是在商品進入市場前，經過研究(research)[187]、設計(design)[188]、製造(manufacture)[189]與銷售(sale)[190]等步驟，如上圖 3-1 所示。因此，知識型產品的「商業化」，在概念上可整理成兩種階段，一個是發展智慧財產、並為其創造經濟價值的階段，另一個則是生產製造蘊含智慧財產之產品、並進行實體市場銷售的階段[191]。本著作將知識型經濟商業化之流程，整理歸納為兩個階段，分別是包含研究與設計的「創新階段」，以及包含生產與銷售的「實施階段」，並接著援用此商業化過程，以圖 3-2 來進一步舉例說明知識型經濟之商業化模型。

---

[187] 指透過有系統的方法來尋找、定義與分析問題，並尋求該問題的解決方案及知識。

[188] 是一種確定目標後、有目的性之行為，在完成資訊收集、整理與結合後，可完成一定成熟度之創作。

[189] 以科學的方法，如機械、物理或化學等，將非實體之創作轉化成為實體產品之過程。

[190] 將產品移轉給使用者，並獲取經濟價值交換之過程。

[191] A. Aslani，同註 182，頁 136。

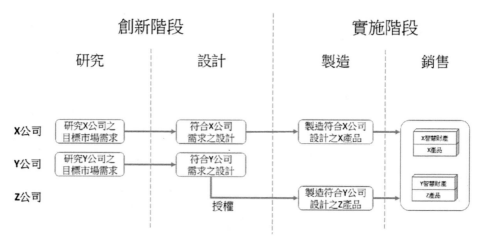

圖 3-2　知識型經濟之商業化模型

資料來源：本著作繪製

　　在知識型經濟，公司在推出商品之前，通常會先確認目標市場之需求，其後才開始研究設計可滿足該需求之技術與功能，待完成設計後方可投入產線製造、送入市場銷售。在圖 3-2 之例子中，X 公司為此類之代表，產品之研究、設計與製造全部於公司內部完成，等到產品完成生產後，即可在市場銷售帶有自主研發 X 智慧財產之 X 產品。在研究階段，X 公司會先就其目標市場進行分析，而經研究確認後之需求，將成為該公司於設計階段、產品設計之基礎或目標，其後 X 產品也將依照該設計之結果來進行製造。經由此一系列程序，也才可以確保 X 產品所提供之功能設計，可用於滿足 X 公司當初所設下之目標市場需求，並確保將來在銷售時，可被目標市場所接受。此種商業化行為，即是存在於知識型經濟中，一般公司的發展模式。

　　除了前述完全自主製造之模式外，在知識型經濟活動中，也存在另一種分工發展之商業化模型。此種分工之發展模型，就是由不同之公司在各自熟悉之階段，以其擅長之專業、有效率的完成技術或產品的發展。提供客製化之技術設計或雛形，即是此類公司在知識型經濟的營運模式。此類公司在完成特定商

品之研究設計後，即尋求可接續製造與銷售之第三方公司，並將其在創新階段之成果或產品雛型，透過技術移轉或專利授權之方式、提供予該接續公司來繼續完成實施階段之工作。以圖 3-2 之 Y 公司為例，該公司為滿足目標市場之需求，經過一系列之需求分析與研究，在創新階段完成一定之技術設計或雛形，並委由 Z 公司在實施階段來後續完成 Z 產品之製造。值得注意的是，由於 Z 公司已將 Y 公司所研發之智慧財產，即 Y 智慧財產，應用於 Z 產品之上，因此 Z 公司也必須支付給 Y 公司相對應之技術或專利授權金。我國專司技術研究之公司或法人，如工業技術研究院，即屬 Y 公司此類、將智慧財產商業化之公司，而未實質從事技術開發或設計之公司，則是與接收先期技術或產品雛型來完成實施製造之 Z 公司同類，例如一般製造或代工廠經常以技術移轉之方式引入新進技術來取代或彌補自身之產品開發。

（三）知識型經濟與標準市場

知識型經濟之商業化模式，包含替智慧財產創造經濟價值以及生產銷售蘊含智慧財產之知識型產品，本章節就相關於智慧財產之標準市場行為，來討論與知識型經濟之關係。

在參與標準制訂之過程，實際上是將智慧財產視為一種知識型產品，並將其貢獻至標準制定組織，與其它智慧財產相互競爭。若某智慧財產在經由討論、被標準制定組織所採用並寫入標準規範，成為了標準智財，該智慧財產即可被賦予一定被實施應用之機會。例如，在一個智慧財產被實施應用於某標準產品之後，其所連結之標準智財即因授權之必要，而可經由授權之轉化程序，產生一定之經濟價值[192]，甚至成為可供交易的一種獨立標的。因此，在知識型經濟中，制定標準的過程，即可被解讀為是「標準」為智慧財產創造經濟價值之「智慧財產商業化」過程。

另一方面，標準商品乃是依據標準規範所訂定義之方式，在透過一定之工程技術所實現製造而成，其後便可在成為實體產品後被送入市場銷售。由於一

---

[192] 例如專利組合，經常被使用作為包裹授權的一種商品。

般實體產品在市場上即因為可供直接交易而具有一定之商業價值,而標準商品則因為額外附加有標準智財之技術或功能,而擁有更高之市場價值。此外,導因於「標準」所提供的相容互通性,亦可使標準商品在市場上更具競爭力。簡言之,在知識型經濟中,應用標準規範進行產品之製造,並透過標準產品之交易而獲取銷售利益,該行為可被歸類為「標準」實施智慧財產之「產品商業化」過程。

綜上分析,「標準」之市場行為,同是運用智慧財產本身與其應用產品、並可從商業市場獲取經濟利益,因此,就市場發展與利益創造之性質而言,應屬於知識型經濟之範疇。

(四)標準市場之商業化模型

在知識型經濟之發展脈絡下,標準市場之商業化過程也可被切割為「創新階段」與「實施階段」來討論,意即:公司在實現標準商品銷售之前,也須經歷需求研究、技術設計、生產製造與銷售等階段。然而,不同於一般知識型經濟公司之商業化模型,標準市場在創新階段,必須倚重於來自各個標準參與者對於未來市場之需求研究,以及其知識貢獻,並非是由單一公司可恣意決定。不過特別的是,一旦標準規範制定完成後,即使是未參與發展標準之公司,也能依照標準規範來施行產品製造,最終產出標準產品並可至市場銷售。本著作依照各公司發展及實施標準之行為不同,將標準市場商業化之模型再細分為五類模型討論。

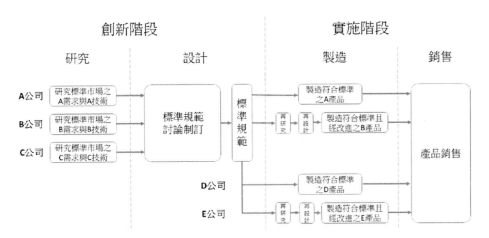

圖 3-3　標準市場之商業化模型

資料來源：本著作繪製

　　首先，第一種商業化模型是同時發展與實施標準之典型標準商業化。在此類商業化行為中，公司在標準「創新階段」扮演著參與者之角色，將其所研究之市場需求與相關技術，以提案之方式貢獻至標準制定組織，並參與制定標準規範之議題討論。待標準規範完成制訂後，此類公司再於「實施階段」，依據標準規範來實施並製造產品，接著將所完成之產品投入市場銷售，圖 3-3 之 A 公司即屬此例。A 公司首先在研發程序，依據公司策略研究標準市場未來可能之 A 需求，並自主研發可用於滿足該需求之 A 技術，甚至可能申請專利以獲取保護該技術之相關智慧財產。然後 A 公司於設計程序，將其研究成果貢獻至標準制訂組織，與其他公司之貢獻成果相互比較競爭，並協助標準制定組織完成標準規範之制定。在該制定標準之過程中，A 技術有可能因為取得討論之共識而被標準制定組織接受而寫入標準規範，自此成為標準產品所必要實施的技術，連帶使得保護該 A 技術之智慧財產成為關鍵智財之一(即圖 3-4 之 A 關鍵智財)。其後，A 公司於製造過程，依照標準規範來製造 A 產品，並將成品送往市場銷售。值得一提的是，由於 A 產品為依據標準規範所製造，且必定實施

規範內之標準技術,因此 A 產品除實體產品之價值[193]外,亦蘊含前述關鍵智財所帶來、具有與其它標準產品相容與互通之技術價值[194]。若再進一步分析,A 產品之市場價值,除可能會因不同之製造或銷售方式,而產生實體價值之差異之外,亦可能因為該產品包含標準功能所提供相容互通性,而比一般之知識型商品更有競爭力。例如,A 產品因為額外包含 A 關鍵智財,其經濟價值[195]將比圖 3-2 之 X 產品與 Z 產品更高,此即為標準產品在創新階段,將智慧財產商業化後所帶來之經濟成果。

第二種類型是發展、實施、並繼續改進標準產品之進階標準商業化。除了類似前一模型,在「創新階段」同是對智慧財產進行商業化行為之外,此類公司在標準制訂完成後之「實施階段」,亦會針對標準規範繼續進行研究,並再提出改進技術,以進一步提升標準產品之效率與功能[196]。以圖 3-3 為例,B 公司在研發程序依據目標之 B 需求而完成帶有智慧財產之 B 技術後,在其貢獻至標準制訂組織完成規範制定討論後,有可能經採用而成為關鍵智財(即圖 3-4 之 B 關鍵智財)。接著在標準制訂完成過後,B 公司亦可經由更進一步的研究與設計,在標準規範所定義之功能特徵外,提出更高效能或更進階之新功能。由於此非標準功能並未寫入標準規範當中,因此,保護該非標準功能之智慧財產,即被稱為非關鍵智財,如圖 3-4 之 B 非關鍵智財。相較於 A 產品,此種商業化模式所產出、具備超越標準功能特徵之 B 產品,比起單純實施標準規範之 A 產

---

[193] 單指產品生產與銷售所產生之經濟價值,未包含智慧財產所額外帶來之技術價值。

[194] 指依據制定標準時所設定之目標,透過與其他產品之相容性,而能提供給使用者額外之經濟價值。

[195] 例如,第四代行動通訊標準乃是為使用者提供全球通信服務所制定,所以即使是在美國 A 廠牌所生產製造之第四代手機,亦可透過漫遊功能,在歐盟或其它地區,透過 V 廠牌電信公司所佈建之第四代網路,來取得並維持第四代通信服務。此種由標準產品相容性與互通性所帶來之額外便利性,即是標準產品特點之一。

[196] 標準規範通常僅會包含基礎或一定程度之效能或功能,以迎合大多數公司之技術或生產能力,如此也才能在標準制訂時,因可滿足多數會員之利益而達成共識。除此之外,標準規範也會留有提供額外功能或進一步改善之空間,讓公司在符合共通之標準規範下仍能生產差異化或進階之產品。例如,標準通常會提供基礎演算法或一定之範例於附錄內以供參考,但各實施公司仍可各自開發不同效能或適用不同使用情境之演算法,以在市場上呈現產品效能或功能上之差異。

品，又提供了額外更新之功能，因此更具經濟價值。

　　第三類是純粹以發展標準智慧財產為目標之技術商業化模式。此類商業化行為，指的是僅在「創新階段」，將所完成研發之技術貢獻至標準，並參與制定標準規範之討論，但卻未在「實施階段」應用標準規範或製造標準產品。換言之，此類公司之標準商業化行為僅止於「創新階段」。圖 3-3 中之 C 公司，即代表此類僅僅進行技術商業化公司之代表[197]。C 公司在內部完成需求研究與技術開發後，將其相關技術申請專利、成為了智慧財產，並接著向標準制訂組織遞交技術提案，在制定標準的過程中，與其他公司之技術提案，如 A 技術或 B 技術，相互競爭。一旦所提之技術提案經標準制訂組織核可通過，C 公司所擁有相關於該技術之智慧財產，隨即成為了關鍵智財(即圖 3-4 之 C 關鍵智財)。然而在標準制訂完成後，C 公司可以不從事標準產品之製造生產，而僅單純以授權之方式，向其他已實施標準規範之公司主張關鍵智財之權利。與前兩種商業化模式相比，此類僅實行技術商業化之公司，並未從實施標準規範，因此並不會受到任何其他關鍵智財持有人之授權壓力或限制[198]，但卻可透過其所擁有關鍵智財必要實施之特性，單方面要求任何在「實施階段」，生產或實施標準規範之公司來與其洽談授權。近年來運用標準專利來引起訴訟爭議的「非實施專利事業體」，即是採用此類商業化模式之典型代表。

　　第四種類型，是單純依據標準規範進行產品製造之產品商業化。此型態之公司，並未參與標準「創新階段」、貢獻或競爭標準技術之行為，僅在標準制訂完成後之「實施階段」，依照該規範來應用或生產標準產品。換句話說，此類公司關於標準市場之商業化行為，僅存在於「實施階段」。用圖 3-3 來說明，D 公司並未投入任何研究或參與任何標準制訂程序，而是在標準規範公布後，依照該規範來生產或實施產品。雖然 D 公司並未持有任何標準關鍵或非關鍵智

---

[197] 美國 Interdigital 公司，即屬於此型態之公司。Interdigital 公司本身並未從事通訊產品生產之工作，卻派任多名員工參與通訊標準之制定工作，並擔任如主席等重要之職位，請參閱 Interdigital 公司之官方新聞稿。 (Retrieved fromhttps://www.interdigital.com/post/interdigital-engineers-named-to-prestigious-leadership-roles-in-the-industry, last visited 03/16/2019.)

[198] 例如被要求支付權利金、交互授權、或其它可等價於授權金之條件或義務。

財，然而其所生產之 D 產品，卻依然附有一定關鍵智財之標準產品。導因於關鍵智財於標準市場之必要實施性，若此類公司無法取得可與關鍵智財持有者進行交互授權談判之條件，其結果也只能單方面的接受授權條件，也因此在市場上多屬於弱勢，並經常淪為被挾持的對象。標準產品之代工廠多屬於此種僅施行標準產品商業化之公司。

　　最後的類型是僅依據標準規範製造產品，但卻會另外提出標準改進技術之進階產品商業化。如同前一類別之標準產品商業化，此模式亦是跳過標準研究與制定之「創新階段」，但不同的是，此類公司會在「實施階段」額外針對已完成制定之標準規範，繼續進行標準技術之再研究與再設計，其後才開始製造標準產品。在圖 3-3 中，E 公司除依照標準規範實施之外，也另外投入研發成本、發展標準規範以外之改進技術，使所生產之 E 產品，不但具備符合標準規範之產品功能，同時也可提供自有發展之新功能。例如，E 公司可在「實施階段」，進行再研究與再設計的過程，而因此產生並擁有了非關鍵智財(如圖 3-4之 E 非關鍵智財)。值得一提的是，即使 E 公司所生產之標準產品，同時被附加了標準與非關鍵智財之經濟價值，但由於 E 公司如欲取得實施與銷售標準產品之權利，仍然需要向關鍵智財持有人取得授權。所幸的是，此類之公司因為擁有比標準規範更優良甚至更先進之非標準技術，當其與其他持有關鍵智財之公司進行授權談判時，將比前類單純實施產品製造之公司擁有較多之談判籌碼，也因此在市場上擁有較強之談判力量。在現今產業市場上，一般僅在標準規範公布後，投入研發資源以提供額外功能或改良技術的品牌公司多屬此類。

表 3-1　知識型經濟之商業模式

發展階段 公司類別		創新階段		實施階段	
		研究	設計	製造	銷售
非標準	一般 商業化	公司自主	公司自主	自主研究改進、 非實施標準	產品競爭
	技術 商業化	公司自主	公司自主 技術競爭	無	無
標準	典型標準 商業化	公司自主	貢獻提案、 技術競爭	實施標準	產品競爭
	進階標準 商業化	公司自主	貢獻提案、 技術競爭	再研究、改進標 準後，實施標準	產品競爭
	標準技術 商業化	公司自主	貢獻提案、 技術競爭	無	無
	標準產品 商業化	無	無	實施標準	產品競爭
	標準產品 進階商業化	無	無	再研究、改進標 準後，實施標準	產品競爭

(資料來源:本著作整理)

（五）標準商品與其影響力量

　　知識型經濟之商品，基本上是包含知識與智慧之應用商品，其組成包含了保護該知識結晶之智慧財產，與可實施該智慧財產之實體產品。公司在施行知識型經濟之商業化過程後，其所產出之知識型商品，依據其內含智慧財產之種類與經濟特性，可分為非標準商品與標準商品。無論是標準抑或是非標準之商品，如前章節所討論分析，皆是經歷不同標準商業化行為之結果，也因此具備

不同之經濟特性。本章節將各式標準商業化行為之結果進行整理,一方面討論標準商品之組成,另一方面也依據其各組成與所代表之經濟價值,來進一步分析對標準市場之影響。經由圖 3-4 之整理,標準商品之組成包含關鍵智財、非關鍵智財、實體產品、與三者之任意組合。本著作亦將標準商品與其它知識型商品之競爭進行整理彙整,請參閱附錄一,知識型經濟之市場競爭。

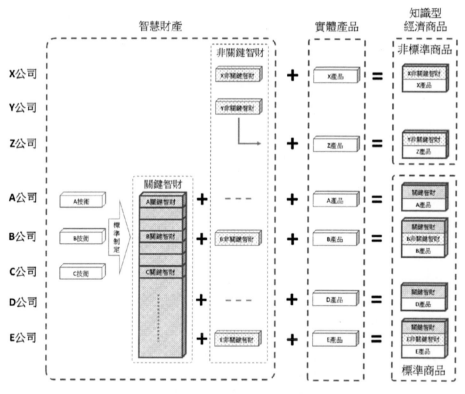

圖 3-4 知識型經濟之商品

資料來源:本著作繪製

以 A 公司和 D 公司為例,該二公司依據前述各自所屬之標準商業化程序,來製造並實現可標準規範定義功能之 A 產品與 D 產品。由於關鍵智財為實施標

準功能所必須，因此關鍵智財之經濟價值，也連帶附加於標準商品之上，使 A
公司與 D 公司標準商品之經濟價值，同時包含關鍵智財與實體產品。兩公司可
分別藉由銷售包含關鍵智財之 A 產品與包含關鍵智財之 D 產品，來在標準市場
獲取銷售利益。由於兩公司之商品來自不同之生產製造來源，其市場價值之差
異，可能會因為實體 A 產品與實體 B 產品在 A 公司與 D 公司不同之製造過程，
而可能在成本與品質上呈現差異。基本上，關鍵智財於標準商品之價值，從經
濟學的角度來看呈現應無二致[199]，因此 A 公司與 D 公司在標準市場之競爭力
量，主要還是在生產時，如成本或品質等，製造實務上之差異。然而，由於 D
公司並未擁有關鍵智財，因此僅能單純藉由標準商品之銷售來獲取產品利益，
而 A 公司則因為經歷「創新階段」之發展過程而擁有關鍵智財之一的 A 關鍵智
財，因此可獨立主張 A 關鍵智財之專利權，並向其他實施標準技術之公司收取
授權金。若從標準制訂組織所欲滿足之市場需求角度來看，A 公司與 D 公司之
標準商品，同是依據標準規範所製造、可實現標準功能之商品，除了可因具備
相容性而提供相近功能之外，更可因為互通性而可互為替代。這邊可以觀察到
的是，A 公司可能以 A 關鍵智財向他實施公司主張專利權，進而影響其它標準
產品之實施成本，因此也有可能為另一種影響標準市場競爭之力量。

　　以 B 公司與 E 公司之例子來討論，此二公司不僅依據標準制定組織之規範
製造產品，也另外附加了可改進標準商品之技術與功能。如圖 3-4 所示，此二
標準商品所內含之價值，同時包含了關鍵智財、非關鍵智財與實體產品。該二
種標準商品，不但因實現標準功能而在實體產品附加了關鍵智財之經濟價值，
同時也因各自具備 B 公司與 E 公司所研發之非標準技術，而額外擁有了不同之
附加價值。B 公司與 E 公司標準商品之差異，除了如同前述 A 公司與 D 公司在
實體產品之成本與品質差異之外，也可能因非關鍵智財所提供之額外功能不同
而增加不同之價值。B 公司除了可透過 B 關鍵智財向其他標準產品之製造公
司，如 A 公司、D 公司、與 E 公司等，收取關鍵智財授權金外，亦可藉由 B 非

---

[199] 本著作主要討論關鍵智財與生產實務對標準產品之影響，其它非經濟相關之因素，如產業、人際、
　　　或政治等其它商務關係，則非在本著作之討論範圍。

關鍵智財所帶來改進標準之效能，而提高了 B 商品的價值。另一方面，E 公司除了獲取標準商品銷售之利益外，亦可能透過 E 非標準智財，而獲取在相關標準產品上歸屬於該非強制實施之授權利益。意即，B 與 E 兩公司除了使其標準商品具備一般標準產品之價值外，更因為附加了 B 與 E 非關鍵智財，讓各自之標準商品具備超越一般標準商品之功能，也因此額外提高了商品之價值[200]。值得一提的是，B 非關鍵智財與 E 非關鍵智財所增加、且可改進標準商品功能之影響力，基本上並不影響標準商品之實體價值，不過卻可能增加了標準商品所內涵智慧財產之價值。因此，除了各自實體產品在生產製造等實務差距之外，B 公司與 E 公司之 B 非關鍵智財與 E 非關鍵智財亦因具備額外之經濟價值，亦可增加其各自標準商品之市場競爭力。此外，B 公司所持有之 B 關鍵智財，因為可增加其它標準商品之授權成本，亦是可影響標準市場競爭力量之一。

C 公司在標準市場中，並未實質生產或實施任何標準產品，但卻可藉由參與標準制訂，而獲取了具有標準市場經濟價值之智慧財產，是一個相當特殊之例子。在圖 3-4 之例子中，C 公司並無從事任何生產過程，因此並未擁有任何實體產品可與其它標準商品競爭。然而，C 公司獲取經濟利益之方式，乃是如同 A 公司與 B 公司一般，透過其所擁有之關鍵智財，即 C 關鍵智財，向其他製造標準商品之公司索取授權金。C 關鍵智財之經濟價值，其實是根源於標準技術在標準商品的必要實施，因此 C 公司可透過每一個標準商品的必要授權，而獲取一定之授權利益。換句話說，C 關鍵智財之經濟價值將反映在每一個標準商品之上，而透過 C 公司授權金之主張，每一個標準商品之成本或價格，理論上也可能受到 C 關鍵智財之價值而影響。原則上，C 公司所開發之 C 技術，在未成為關鍵智財之前，僅具備一般智慧財產之特性，並無法提供商品必定實施之保證，但卻在歷經標準技術之競爭、寫入標準規範後，成就了保護 C 技術之 C 關鍵智財，具有標準商品必要實施的特性。導因於標準的必要實施，每一個標準產品必定包含關鍵智財之經濟價值，也因此 C 公司可就 C 關鍵智財之權

---

[200] 此處所指價值之增加，包含商品可在維持相同價格下，因為提供額外功能而增加之銷售利益，或是商品因提供額外之功能而可抬高售價，所取得之價格利益。

利主張，來影響所有標準商品之成本與售價。簡言之，經歷標準技術競爭所成
就之 C 關鍵智財，本身即具備標準市場之經濟價值，而透過 C 關鍵智財之權利
主張，C 公司將因為可影響標準商品之價格，而也擁有了影響標準市場競爭之
力量。

二、標準相關市場

相關市場 (relevant market)，一直以來被用來分析經濟力量的替代需求，以
作為評估競爭效益以及其影響的主要工具[201]。廣義之相關市場[202]，指的是「一
群可能或正在生產代用商品、並企圖行使市場力量之公司。」若依我國公平交
易法第 5 條之定義，相關市場為「事業就一定之商品或服務，從事競爭之區域
或範圍」。兩者之差別在於，我國對於市場力量之認定較為寬鬆，事業僅須具
備從事競爭之要件，即落入相關市場之定義範圍[203]。本章節依前述標準商業化
模型，就標準市場之競爭商品，其從事競爭之區域與相互影響之範圍來討論之
[204]。

（一）標準創新階段為標準技術相關市場

標準制訂之目標在決定未來產業的共同興趣與市場需求、並制定符合該需
求之最佳技術規範。因此標準參與者競相在標準創新階段，提出不同之方案至

---

[201] J. Baker, *Market Definition: An Analytical Overview*, ARTICLES IN LAW REVIEWS & OTHER
ACADEMIC JOURNALS, Paper 275. 129-173 (2007), at 173。

[202] R. Pitofsky, *New Definitions of Relevant Market and the Assault on Antitrust*, COLUMBIA LAW
REVIEW, 90(7). 1805-1864 (1990), at 1807.

[203] 更具體而言，事業在相關市場是否具備或行使市場力量，則需另外依我國公平交易法第 7 條至第 20
條，以及第 21 條至第 25 條之規定來管制，主要分成限制競爭與不公平競爭、兩種行為態樣。

[204] 本著作所討論的標準競爭市場，指單一管轄權範圍內之競爭市場，如 ETSI 為歐盟之標準制訂組織，
其標準的制定與實施乃受歐盟競爭法所管轄。若標準之制定或實施，因具備涉外因素(connecting
factor)，而涉及國際法或相關於管轄權之議題，則需另文討論。

標準制定組織參與技術競爭[205]。在此階段競爭中,各參與者多著眼於研發各種可提升效能、擴展互通性、並增加相容性之提案技術,並透過持續的討論來增加認同,以期所提技術能夠在取得共識後[206]成為標準規範之一部分,進而列入成為標準規範。在圖 3-3 之模型中,A 公司、B 公司、與 C 公司在標準創新階段,將自主研究完成、未來目標市場可能之需求,向標準制訂組織貢獻研究,接著將所研發、對應於該各自主張目標市場需求之 A 技術、B 技術、與 C 技術投入標準技術競爭。

在標準發展的過程中,不同之貢獻技術特性會因為對標準商品產生不同程度之影響,而使標準制訂組織在決議時,因不同的決策考量而產生相異的結果。例如,目標在提升先進功能之技術,會因其有助於提升標準產品之實施效能,而使標準商品在市場上比其它非標準商品更具競爭優勢。此外,目標在維持標準互通性之擴展技術,可延續(extend)或重用(reuse)設備與產品之開發經驗,有助於製造商節省成本;增加標準相容性之技術,則因為可擴展產品市場之規模,更容易獲得經銷商之青睞。從以上之討論分析來看,標準市場之需求即為競爭之範圍,而標準參與者貢獻至標準制訂組織之技術解決方案(solution)即是相互競爭之客體,其目的在藉由標準制訂組織內部之技術競爭,來決定未來標準規範將採行之標準技術。

智慧財產,原本用以保護發明創新技術,同時亦是知識型經濟中、可供交易之商品,而智慧財產所保護之技術,若在標準技術的競爭過程中取得成功,成為了寫入標準規範之標準技術,即可因為必定實現於標準商品之特性,而使得保護該標準技術之智慧財產,與標準市場產生連結。在標準創新階段,各公司將可用於滿足特定標準需求之自有技術貢獻至標準制訂組織,在經歷標準制訂之技術競爭過程過後,讓部分保護該貢獻技術之智慧財產,得以成為關鍵智

---

[205] TSB,同註 8,頁 24。

[206] 例如 IEEE 標準制訂組織在通過或公開一個標準規範之前,會先確認該標準草案文件,是否代表所有參與該發展工作之共識。請參閱 IEEE 組織章程, "Standard Board Bylaws," (2018). (Retrieved from https://www.bsigroup.com/LocalFiles/en-GB/standards/BSI-standards-brochure-how-standards-benefit-businesses-and-the-UK-economy-UK-EN.pdf, last visited 03/16/2019.)

財，並在標準市場產生一定之經濟價值。由於智慧財產之特性，本質上即是可供交易之商品，再加上可在標準市場產生額外經濟價值，因此，標準關鍵智財無疑為標準市場之商品。標準參與公司，以智慧財產所保護的提案技術在制定標準的程序中，與其他公司進行技術討論與產生共識的過程，便是相對應的技術競爭。

綜上討論，智慧財產是標準創新階段可在標準市場產生經濟價值之商品，而標準發展過程，乃是受智慧財產所保護之提案技術，實行競爭之區域。因此，標準技術相關市場之競爭方式，即是在各種相關於效能、相容性與互通性技術之間討論與共識凝聚，而競爭範圍則是在發展標準技術之標準規範制定過程。

（二）標準實施階段為標準商品相關市場

依據本章節第一節之討論，標準實施階段之目標，在生產銷售具有標準市場經濟效益之標準商品。在此目標下，標準產品製造者可以考量不同之技術實力、產業經驗與生產能力，依標準規範來實現商品製造。此階段之競爭者，多以具競爭力之產品成本、品質與標準之改進功能，來呈現與其它競爭商品之差異，以期獲取商品在價格或銷售上之優勢。在標準實施階段中，擁有不同製造能力之公司將產出具備不同成本與品質之標準產品，如圖 3-4 中之 A 產品、B 產品、D 產品、與 E 產品。不同公司所生產之標準商品，也會因為所附加之智慧財產不同，而使該商品在標準市場出現不同之經濟價值，如圖 3-4 中，A、B、C、與 D 產品皆附有相同之關鍵智財，但 B 公司與 D 公司之標準商品，將因為 B 與 D 非關鍵智財可提供之額外之非標準功能，而比 A 公司與 C 公司之標準商品擁有較高之經濟價值。宏觀來看，此階段商品，可以因為不同製造過程與所附加之智慧財產價值的不同，而代表不同之市場價值與經濟利益。例如，擁有精良設備並擅長大量生產之製造商，其所產出之標準商品，有可能因為較低生產成本而可降低售價；另一方面，規模小但卻著重開發新功能之創新公司，可嘗試以各種創新功能，來吸引消費者青睞，並因此抬高售價。

標準商品，是依據眾多標準參與者共同努力所制定之標準規範來製造，並

在產業期盼下，為滿足標準市場需求而創造。由於，標準商品乃是因應標準市場需求而生，目的在藉由實現標準規範所制訂技術，來提供消費者需要之功能，因此，此類商品在製造完成後，自然因為存在標準市場銷售之可能而具備經濟價值。進一步言之，透過實現條件與所附加智慧財產之不同，標準商品亦將在成本、品質與功能上呈現差異。當標準商品在銷售市場上販賣時，該差異化之經濟價值，自然而然反應在商品之價格與銷售上，並產生競爭效果。因此，標準實施階段之競爭客體，為可實現標準功能之標準商品，其競爭目的在透過不同生產能力與智慧財產價值，來影響價格與銷售。據此，標準實施階段，即是以應用智慧財產之標準產品為商品標的，著眼於成本、品質與功能差異之競爭，而標準產品相關市場，即是以應用智慧財產之標準產品、從事競爭之區域與範圍。

三、標準市場之獨占力量

市場力量(market power)指的是公司在競爭中維持或抬高價格的市場力量[207]，而獨占力量(monopoly power)即是高階的市場力量[208]。就法律觀點而言，何謂高階且無明確之定義，但由於市場力量與獨占力量兩名詞已經常為經濟學家互為代用[209]，因此本著作後續將獨占市場之力量統一以「市場獨占力量」稱之，並就標準市場內所存在、具有維持與控制市場價格之力量論之。

---

[207] Organization for Economic Co-operation and Development [OECD], *Inequality: A hidden cost of market power*, Reference No. DAF/COMP(2015)10. 1-58 (2017), at 7. (原文為 "market power is defined as the ability to drive prices and returns above competitive levels.")

[208] R. A. Posner, W. M. Landes, *Market Power in Antitrust Cases*, Harvard Law Review 94(937). 937-996 (1981), at 937. (原文為"monopoly power …[is] a high degree of market power,")

[209] J. J. Miles, *Principles of Antitrust Law*, Education Handout in Society of Corporate Compliance and Ethics [SCCE]. 1-141 (2016), at 82. (Retrieved from https://assets.hcca-info.org/Portals/0/PDFs/Resources/Conference_Handouts/Managed_Care_Compliance_Conference/2010/Mon/202_Miles_handout.pdf, last visited 03/16/2019.)

（一）標準發展需求為技術相關市場之市場獨占力量

標準發展根源於市場需求，而立場相異之公司，會依據自身的對市場的期許與規劃，在發展標準的過程中提出各自的看法。標準制訂組織在完成意見協調過後，最終將訂出符合消費者與社會利益之發展目標。由於一經確定之標準需求，將引發後續的提案貢獻與技術競爭，因此在標準制訂組織驅使並影響技術競爭的，便是標準發展需求。標準技術相關市場之競爭，如前所討論，乃是在不同技術之間，尋求滿足標準市場需求之技術，更進一步論，標準技術之競爭，乃在標準制訂組織所設定之需求目標下，透過標準制訂程序，來決定標準商品所採用技術之程序。

在標準技術相關市場，技術提案的提出與討論，儘管可能源自於不同公司之立場或看法，但由於標準制訂之目的在滿足大多數市場需求，因此必須經由共識決定將來必須共同施行之標準技術。若是標準需求不被認可，其結果將使目標在滿足該需求之標準商品無法被市場接受，也將連帶使所制訂之標準技術，失去依附的對象而無法發揮其價值。由此可見，標準需求的確立與認可，不但維持了標準技術之發展和競爭，同時也使標準技術之經濟價值得以延續。

依照發展標準規範原則，標準制訂程序為確保以技術之自由競爭，必須以共識、透明、平衡、正當與公開之方式來完成。一般標準的制訂程序[210]包含(1)需求確認[211]、(2)工作提案[212]、(3)確定範圍[213]、(4)影響評估[214]、(5)草案研擬[215]、

---

[210] British Standards Institution [BSI], *How Standard Benefit business and the UK Economy*, report summary. (2015). (Retrieved from https://www.bsigroup.com/LocalFiles/en-GB/standards/BSI-standards-brochure-how-standards-benefit-businesses-and-the-UK-economy-UK-EN.pdf, last visited 03/16/2019.)

[211] 確認市場上存在尚未被解決之問題，或未被滿足之需求。此程序通常由標準制訂組織之理事會來完成。

[212] 通常由管理群組，藉由新工作或需求提案之徵求，來具體定義問題與需求。

[213] 討論並尋求資訊與意見，以擬定新標準可能之工作範圍，包含預計工作時間、期程以及所需要討論之技術議題等。

[214] 進行研究並分析新標準工作可能衍生之問題，包含對既有市場、技術以及產品之各項影響等。

(6)意見徵詢[216]、(7)更新草案[217]、(8)草案通過[218]與(9)確認公開[219]等步驟。研究認為,「標準技術之選擇,取決於投票力量與市場力量間之互動[220]。」標準規範之制定,一方面會藉由改變成本、獲利、生產量、產品價格與授權金之結果來影響市場,另一方面,市場涉及標準產品銷售之結果,最終也有可能影響參與市場競爭公司在標準制訂組織中之投票力量[221]。在兩股力量相互交織(interaction)影響之結果,便可決定用以滿足標準需求之技術。

舉例來說,在一個需求導向(demand-driven)之市場,供應商提供足以滿足使用者需求之產品,通常可主導使用者需求之市場。在此情況,供應商的立場通常會因為可代表市場需求,而增加其投票力量[222],使標準所採用之技術,多為迎合使用者需求之技術。另一方面,在技術導向(technology-driven)的先進市場,技術領先者代表的是新技術與優越效能,此時技術領先者的投票力量將有可能超過其他參與者,使標準制定組織通過效能較佳、較為先進之技術提案[223]。此外,在成本導向(cost-driven)市場,生產成本即是足以影響投票力量之因素,若是有多數製造商不願意生產高成本之標準產品[224],標準制訂組織之共識也會

---

[215] 工作項目一經確認,標準制訂組織即開始在內部徵求技術與解決提案,並針對每一細部項目依據規畫進行討論與決議,並逐步完成標準草案。此程序通常由具備技術專業之工作群組來完成。依據議題之多寡,又可能會再細分為多個議題工作小組來分開討論。

[216] 草案完成至一定階段,工作群組將草案提交至管理群組,徵詢更新或修訂意見。

[217] 工作群組依據來自管理或其它之徵詢意見,繼續徵求提案以改進草稿。

[218] 草稿在歷經數次更新修訂後將完成最終版本,其後方可遞交至標準制訂組織之理事會審議通過。

[219] 經由理事會確認通過之標準,始可透過各式管道對外公開。

[220] 多數之標準制定組織採用投票之方式來做成決議,但此處所指之投票力量,廣義解釋為足夠促成多數表決 (majority voting)或共識決定(full consensus)之力量。(D. F. Spulber,同註 166,頁 6-7)

[221] 同前註,頁 2。

[222] 此處所指之增加,乃指影響力之增加。其它非供應商之參與者,可能會在權衡上下游產業影響或供需等利害關係後,支持主要供應商的提案或意見,甚或由供應商領導組成聯盟,來通過符合聯盟共同利益之決議。

[223] 參與者有可能會希望在其產品上實施先進技術,因而支持擁有先進技術公司之提案,或是為取得先進技術之資訊,假借支持先進技術之提案,並藉此要求該技術之公司揭露進一步資訊。

[224] 制定標準規範需同時考量效能、成本與品質之平衡,太過先進之技術容易導致高生產成本,而使產

傾向採用最符合效益或平衡成本的技術方案。

更進一步言，標準制訂之目標既然在滿足市場需求，而不同之發展需求，自然而然可影響標準技術競爭之結果。例如，標準制訂組織可依據高端(high-end)使用者之需求，發展成本高但卻先進之技術，反之，也可以因為成本考量，而決議採用價格較低之一般技術方案。由於不同之技術解決方案，在市場上代表著不同之經濟價值[225]，因此，標準所決議用以滿足市場需求之關鍵技術與相對應的智慧財產，也將因為涉及不同之技術價值與數量，並進而影響授權金之價格。

鑑於市場獨占力量指的是在競爭中維持或抬高價格之力量，而標準發展需求在標準技術競爭中，具有維持與抬高標準技術相關市場商品，即智慧財產，之價格能力，因此可被認定為是標準技術相關市場之市場獨占力量。

（二）關鍵智財為商品相關市場之市場獨占力量

關鍵智財為標準制訂組織歷經「創新階段」之技術競爭結果，也是標準技術相關市場之產出物，其影響力會因為標準技術的必要實施而直接反映在標準產品之上。標準商品相關市場之商品，為應用關鍵智財之產品，而可影響甚至決定標準商品銷售與價格之力量，除了傳統認知之製造成本與品質外[226]，實施標準技術所涉及的關鍵智財亦可能會影響商品市場之競爭。

智慧財產代表的是一個技術所具體化的特徵，與法律所賦予相關於該特徵的排他權，以及所相對產生之經濟價值。關鍵智財提供了標準商品可滿足標準發展需求之技術特徵，並幫助實現了具備互通性與相容性之標準商品。因此導因於標準規範，標準關鍵智財之技術特徵與相對應之經濟價值，將直接附加於

品在上市後無法立即獲利，此外，不夠成熟之技術也容易產生不穩定之品質而影響售價。因此在成本及品質等直接影響獲利之考量下，製造商多半不願支持太過先進或未成熟之技術寫入標準規範。

[225] 技術價值會因為所解決問題之難易與複雜度，以及研發者所投入之資源差異而不同。此外，技術所提供之效能的優劣，與實現該技術所花費之成本多寡也會影響該技術在市場上之價值。

[226] 在傳統產業中，商品製造成本和品質優劣皆可反映出差異化之價值。過往研究對傳統產業已有眾多分析，本文著重在於知識型商品之研究，因此不再對傳統之市場力量進行討論。

所實施之標準商品之上。反之，若標準商品缺乏關鍵智財，則將因為無法提供
滿足標準市場需求之功能，而且也會因為失去標準商品相互溝通與共通之特
性，而造成相關於標準功能經濟價值的減損。由於標準商品在實施前，實施者
必須先取得關鍵智財持有人之授權，而因此致使關鍵智財具有了影響標準商品
價格之能力。

　　以圖 3-4 為例，標準商品 A、B、D、E 皆因必須實施關鍵技術而被附加了
關鍵智財之經濟價值。若標準商品缺少了關鍵智財，則將直接減損標準商品之
經濟價值，例如 D 商品在移除關鍵智財後，僅剩實體產品之經濟價值，可能會
因無法實現標準規範功能，而被排除在標準相關市場之外。由此可見，關鍵智
財具有穩定並維持標準商品價值之力量。

　　另一方面，由於關鍵智財的實施成本，如專利授權金，也將會附加至標準
商品之上，直接造成標準商品成本之影響。若一個標準商品被規範並採用越多
越來之標準技術時，其所必要之關鍵智財權利金成本，也可能會因為技術授權
的增加而發生堆疊的現象[227]，並造成產品售價的提升。由此顯見，關鍵智財之
數量為影響甚至可能抬高標準商品價格的原因之一。據此，關鍵智財在所對應
之技術寫入標準規範過後，即可因為提供有益於滿足標準需求之相容性或互通
性之特徵，而幫助增加標準商品之經濟價值。關鍵智財之本質為智慧財產，在
法律的保障之下，每一個關鍵智財的權利皆可獨立主張，因此在智慧財產之保
護結合了標準之必要實施特性後，便成就了每一個關鍵智財，皆具有影響甚至
抬高標準商品價格之力量。

　　基於市場獨占力量為在競爭中具維持或抬高價格力量之定義，每一個關鍵
智財，因皆可維持與抬高標準商品之價值與價格，而為標準商品相關市場之市
場獨占力量。

---

[227] 許多技術標準，尤其是資訊通訊與科技產業，經常包含數以千計的專利技術，而「權利金堆疊(royalty
　　stacking)」，指的是要實施一個標準產品，便需要同時取得複數個專利技術的授權，權利金亦因此而
　　累計增加。但若因為過高之授權總額而阻礙標準的使用，亦有可能會影響廠商實施該標準的意願。

第四章　標準相關市場之國外案例討論

　　標準市場發展至今，發生許多運用關鍵智財之法律案件與相關爭議，歐美各國管制單位與法院也已累績一定判例與判斷原則，同時亦有許多研究相繼提出學術見解。本章節從競爭法之角度出發，藉由真實發生在知識型經濟、相關於標準相關市場之案例，來檢討運用標準商品來實行競爭之行為，並運用本著作第三章之分析結果，以競爭法之法理角度來討論相對應的法律議題。

一、標準商品相關市場之競爭

　　依第三章所分析，標準商品相關市場，指的是以應用智慧財產之標準產品為標的，實行市場競爭，而典型案例，包含了專利挾持、專利埋伏、非實施專利事業體興訟，與專利反挾持。本章節援引近年來發生於標準商品相關市場具體案例，透過整理案件事實與相關學術見解，並提出本著作之分析與看法。

（一）專利挾持

　　Broadcom Corp. v. Qualcomm Inc. 一案[228]，是專利持有者運用關鍵智財，向標準實施者施加壓力，並藉以索取額外利益之案例。

1. 案件事實

　　在此案，Broadcom 公司 (以下通稱為博通公司)向美國地方法院提出訴訟，主張 Qualcomm 公司(以下通稱為高通公司)侵犯其所持有之三件關鍵智財，並

---

[228] Broadcom Corp. v. Qualcomm Inc. 543 F.3d 683 (Fed. Cir. 2008).

請求核發禁制令。陪審團認為高通公司三件專利之侵權行為皆成立，應以 2000 萬美元之金額賠償博通公司之損失，同時亦准許博通公司禁制令之聲請[229]。然而，高通公司卻認為地方法院並未仔細檢驗由最高法院在 eBay 案[230]中所訂下之禁制令核發標準[231]，因而不服地方法院核發禁制令之判決，並接著向聯邦巡迴法院提出上訴[232]。

　　經過仔細審理過後之結果，上訴法院認為地方法院之判決符合核發禁制令之標準，並在其上訴判決中再次重申，在保護專利權的目標與原則下，同時也需要考慮救濟方法與公共利益之衡平。雖然禁制令之核發，有可能會影響其他以使用高通公司產品之電信服務業者與手機製造商，但由於在原判決中已提供了夕陽(sunset)條款，允許讓高通公司在禁制令生效之前，有足夠的時間來修改產品並完成迴避設計[233]，因此認為地方法院核發禁制令之判決，並不至於會對市場造成的立刻性影響。基於地方法院救濟方式並不會對公共利益造成太大傷害之認定[234]，上訴法院因此維持核發禁制令的判決[235]。不過值得注意的是，雙方持續進行多年未果的和解談判，在禁制令判決確定後之隔年，雙方很快速地達成協議，高通公司最後同意支付高達 8.91 億美元之和解金予博通公司。

　　觀察此案之發展，可以推敲出專利權人，如何利用關鍵智財挾持標準實施者之過程，即禁制令不但可用來向對競爭手施壓以加速促成和解，更可成為關鍵智財持有人謀取利益的工具。有研究認為，經標準採納的智慧財產，其所提

---

[229] 同前註，頁 687。

[230] eBay 案，同註 130.

[231] 最高法院所訂下核發禁制令之標準為：(1)專利權人必須遭受不可回復之損失(irreparable harm)，(2)已無其它法律上之救濟方法可填補該損失，(3)必須考慮原告救濟所得利益與被告所受損害之平衡，(4)不可以損及公眾利益(public interest)。

[232] Broadcom 案，同註 228，頁 701。

[233] 同前註，頁 687。

[234] 同前註，頁 704。

[235] 同前註，頁 686。

升之價值可視為是公司在標準參與投資風險下之回饋[236]，因此不應被認為是市場獨占力量的濫用[237]。然而，以本案來看，除上訴法院所判定的 2000 萬美元之專利侵權賠償金外，高通公司仍需再支付高達 8.91 億美元之和解金予博通公司，而此筆導因於取得禁制令後所獲取之利益，是否可被認知為是透過標準參與所應得之回饋，實有討論空間。

2.　本案討論

在一般商業實務，專利權人為了迫使潛在侵權者接受其授權條件、或是為了取得特定商業條件，往往會尋求談判之籌碼來增加潛在侵權者授權壓力。依本著作前述之討論，關鍵智財為標準商品相關市場之獨占力量，利用關鍵智財來聲請禁制令，必定可產生排除他人競爭之效果，因此聲請禁制令，自然可成為標準市場中，關鍵智財持有人增加談判籌碼之手段。然而禁制令之核發，基本上乃是緣起於制止侵權行為之繼續以及避免未來不可回復之損害，本質上不應淪為標準智財持有人獲取經濟利益之操弄工具。此外，若是聲請禁制令之行為，乃是起因於謀取超額之利益，則難謂非是違反公平競爭。

在此案中，美國地方法院已判定 2000 萬美元之侵權賠償金，足堪認定博通公司相關於關鍵智財之侵權損害已經填補，接下來高通公司僅需依照夕陽條款，在禁制令生效前，完成相關商品的迴避設計，整起事件即可圓滿落幕。然而，高通公司若是進行博通公司關鍵智財之迴避設計，其結果將等同宣告所生產之商品將失去與標準規範相容之特性，實質上等同是宣告退出該標準市場。因此與該夕陽條款相連結之禁制令實施，有可能會迫使高通公司退出該標準市場。由於關鍵智財為標準商品相關市場之獨占力量，因此博通公司利用關鍵智財聲請禁制令之行為，將有可能使高通公司被排除在該標準商品相關市場競爭之外。

在一般專利實務，潛在侵權者可以與專利權人進行授權洽談，以取得繼續生產相關商品之權利，但商務授權談判之結果，卻往往取決於雙方握有談判籌

---

[236] A. Layne-Farrar，同註 65，頁 12。

[237] 同前註，頁 37。

碼之多寡。在此案中，高通公司當然可以與博通公司繼續洽談未來商品之授權，以取得繼續在該標準市場銷售商品之權利。然而，在夕陽條款、具有時限的禁制令壓力下，高通公司已失去公平談判之機會，原因即在於博通公司既取得禁制令之優勢，自然可擁有超越平常之談判力量。一般而言，談判力量的增加，當然可使關鍵智財之持有人獲取比一般談判更多的授權利益，但不幸的是，該額外之利益，實際上卻非來自於關鍵智財之技術價值本身，而是源自於法院為提供專利權人救濟，所額外賦予之力量。

依此案之後續發展來看，博通公司與高通公司多年未果之和解談判，在法院核發禁制令之前，多年來皆無法取得結果，但卻在博通公司取得可排除高通公司產品在標準市場銷售之禁制令後，直接使得談判因失去平衡而快速和解。若法院未核准針對該系爭關鍵智財相關商品的禁制令，高通公司理應可以在公平對等的條件下與博通公司繼續進行對等之授權談判，不至於被迫接受任何不合理之和解條件。若以法院所判定足已賠償侵權損失之金額來類比，相當於45倍侵權賠償金之8.91億美元，明顯已超越一般授權水準之金額，甚難認定是合理之授權費用。鑒於博通公司關於該系爭關鍵智財之侵權損害，已於地方法院之判決中填補，而經由該不對等談判所取回之高額利益，除未來所應得之授權利益外，理應還包含了其它的商業利益，例如，導因於禁制令賦予之談判力量所增加之額外利益。

綜上所討論，博通公司擁有關鍵智財，即是擁有市場獨占力量，若利用關鍵智財所取得之談判力量，如禁制令，來獲取超越一般範圍之利益，存在著利用市場獨占力量來謀取超額利益之認定空間。

（二）專利埋伏

Rambus 一案[238]，是標準專利持有者隱瞞其擁有關鍵智財之事實，而待標準確定公開後，向標準實施者索取高額授權金之案例。

---

[238] Rambus Incorporated v. FTC, No. 07-1086 (D.C. Cir. 2008).

1. 案件事實

　　Rambus 公司自 1990 年向美國專利局申請一個關於動態隨機存取記憶體 (dynamic random access memory，簡稱 DRAM)之專利母案，並於 1992 年加入專門制訂同步動態隨機存取記憶體 (synchronous dynamic random access memory，簡稱 SDRAM)介面技術之聯合電子設備工程委員會(Joint Electron Device Engineering Council，簡稱 JEDEC)標準制訂組織，並宣稱 JEDEC 標準所採用之技術，並不會侵犯到其已申請之專利權利[239]。Rambus 公司於在 1995 年 12 月最後一次參加 JEDEC 標準會議時，也聲明並無持有 JEDEC 標準技術之關鍵智財[240]。然而，就在 Rambus 公司離開 JEDEC 標準制訂組織後，卻仍然依照 1990 年之專利母案持續申請專利接續案，並於 1999 年開始陸續獲證。就在同年，JEDEC 標準制訂組織公布新 SDRAM 標準規範過後，Rambus 公司便向 SDRAM 製造商宣稱擁有該新標準之關鍵智財，並開始對已實施該標準技術之公司索取權利金[241]。

　　2002 年美國 FTC 起訴 Rambus 公司，主張 Rambus 公司並未依照 JEDEC 標準制定組織之規定，揭露其擁有之相關專利技術，導致該組織制訂了有利於 Rambus 公司之動態隨機存取記憶體標準，因此違反休曼法第二條以及聯邦貿易委員會法第 5 條[242]。2006 年，FTC 裁定 Rambus 公司隱藏其擁有相關專利之事實，以致不法獲取市場獨占力量，強制要求其向 JEDEC 標準實施者依公平合理之比例來進行授權[243]。Rambus 公司不服，向美國哥倫比亞巡迴法院提出上訴。

　　上訴法院認為，此案之爭點在於 Rambus 公司是否使用不正當(exclusionary)

---

[239] 同前註，頁 6。

[240] 同前註，頁 6-7。

[241] 同前註，頁 7。

[242] 同前註，頁 7-8。

[243] 同前註，頁 10。

之方法、非法取得獨占力量[244]。要釐清這個爭點，首先必須要先判斷 Rambus 公司之行為是否產生違反競爭之效果，且是否因為傷害標準制訂程序而導致消費者受到損害。若判斷之結果，僅有傷害至一家或少數競爭公司，則違反競爭之行為未必成立[245]。另外，FTC 也必須負起舉證責任，來證明 Rambus 公司之行為是否產生反競爭之效果[246]。上訴法院並進一步分析，舉證之結果可能分成兩種情形[247]。在第一種情形，若 Rambus 公司向 JEDEC 標準制訂組織揭露其擁有專利技術之行為，將促使 JEDEC 組織採用其它技術作為標準技術的話，那麼該欺瞞行為則可確定會傷害整體秩序[248]。若是第二種情形，Rambus 公司之揭露行為，只會使 JEDEC 標準實施者失去事前(ex ante)協商合理授權金之機會，那麼依據 NYNEX Corp. v. Discon, Inc.案之判例[249]，假使只是為了取得高額授權金，則該欺瞞行為並不當然產生反競爭之效果[250]。因此上訴法院要求 FTC 必須重新認定相關事實，以決定 Rambus 公司之欺瞞行為是否產生反競爭之效果[251]。

2. 本案討論

雖然美國巡迴上訴法院引用 NYNEX Corp. v. Discon, Inc.之判例，來說明並希望進一步釐清 Rambus 公司之行為是否產生違反競爭之效果，但該案與本案之爭點其實存在著相當之差異。依 NYNEX Corp. v. Discon, Inc.判例，合法獨占者 (lawful monopolist) 為取得高價之欺瞞行為不必然會產生違反競爭之行為[252]，但若要將此案適用於該判例，Rambus 公司則必須也是一個合法獨占者。然而在本案，Rambus 公司隱瞞其擁有關鍵智財之事實，致使 JEDEC 標準制定

---

[244] 同前註，頁 12。

[245] 同前註，頁 12。

[246] 同前註，頁 17-19。

[247] 同前註，頁 13。

[248] 同前註，頁 13-14。

[249] NYNEX Corp. v. Discon, Inc., 525 U.S. 128 (1998).

[250] Rambus 案，同註 238，頁 15-17。

[251] 同前註，頁 19。

[252] 同前註，頁 6。

組織採用未經揭露之專利技術，使該技術成為關鍵智財，透過運用如此欺瞞手段欺騙標準制訂者，才讓 Rambus 公司取得在 JEDEC 標準市場之獨占地位。此舉，無疑為透過不正當方法取得代表標準市場獨占力量之關鍵智財，甚難認同Rambus 公司為 JEDEC 標準市場之合法獨占者。由於在上訴法院所引用之判例中，NYNEX 公司是一個合法取得獨占地位之獨占者，而在本案，Rambus 公司並非是以合法方式取得市場力量之獨占者，因此本著作認為 NYNEX Corp. v. Discon, Inc.之判例，應不適用於本案。

　　依本著作認為，關鍵智財既然為標準商品相關市場之市場獨占力量，那麼Rambus 公司隱瞞的 SDRAM 關鍵智財之行為，並非僅有抬高授權金之效果，反而因為標準產品的必要實施，具有擁有操控市場價格之獨占能力。關鍵智財持有者在創新階段之所以負有揭露義務，目的乃是讓實施公司得在實施標準之前，得以預先評估專利授權費用並計算實施成本。若關鍵智財持有者在制定標準時，刻意隱瞞、甚至欺騙，使實施廠商在完成標準產品商業化之後，始發現必須另外取得未經揭露關鍵智財之授權，如此一來，勢必會額外增加其實施標準之成本。Rambus 公司在 JEDEC 組織完成標準制訂後，始向其他標準實施者要求取得其所擁有關鍵智財之授權，已確實在事後增加其他公司實施 SDRAM標準技術之成本。若是 Rambus 公司在標準制訂時，即讓其他公司得知有此關鍵智財之存在與未來授權之可能，那麼該筆授權將會在標準實施前列入成本計算，不至於在事後才發現必須額外增加。

　　Rambus 公司專利埋伏行為，即是利用關鍵智財之市場獨占力量，以間接方式，在事後增加了其他廠商在實施標準之授權成本。因此，此類專利埋伏之行為，不但是以不正當之方法取得標準市場之獨占地位、也因為持有關鍵智財、在事後利用其所代表之獨占力量，增加了其他實施者之成本，產生排除競爭之效果，應可被認定為是排除標準商品相關市場競爭之阻絕行為。

（三）非實施專利事業體

　　原告 Innovatio 為一家未從事生產之非實施專利事業體公司，以其擁有之關

鍵智財,廣發需求信函(demand letter),向許多應用相關標準商品之零售商索取
授權金[253]。

1. 案件事實

　　Innovatio 公司在 2011 年取得博通公司一系列包含 Wi-Fi 通訊技術之關鍵智
財過後,便向美國境內多家零售及消費商店,發送超過 8000 封之需求信函,聲
稱該多家商店所使用的無線通訊產品,侵犯了其所擁有的 17 件 Wi-Fi 關鍵智
財,並據此要求支付權利金。Innovatio 公司發送該信函之目的,在對潛在侵權
商店造成談判壓力,一方面表達願意提供折扣方案給予立即支付授權金商店之
態度,另一方面也威脅將對拒絕支付授權金之商店提起訴訟[254]。在 Innovatio 公
司提起 23 件虛假(sham)之侵權訴訟過後,多家 Wi-Fi 產品之製造商,如 Cisco,
Motorola,與 Netgear 等公司,也對 Innovatio 公司提出控訴,主張所生產並提供
給被控訴侵權零售商之 Wi-Fi 產品並未侵犯 Innovatio 公司所持有之專利,而前
述威脅提起訴訟之行為已違反 RAND 承諾的授權原則,並認為該授權金要求,
其實也已超過該標準專利所擁有之價值[255]。

　　美國地方法院在判決中認為 Innovatio 公司的訴訟前行為可能適用於
Noerr-Pennington 之豁免法則,而為虛假訴訟(sham litigation)之例外[256]。法院
首先引用 Globetrotter Software, Inc.案例[257]說明虛假訴訟之標準在於「訴訟前通
訊行為(pre-suit communication)必須是在主觀以及客觀上皆出於惡意[258],若行為
人具有適切之理由(probable cause),則該行為即可能非出自於惡意[259]」。法院
認為,由於有部分商店並未向 Innovatio 公司取得授權,所以才會導致發送需求
信函之行為,因此認定 Innovatio 公司所要求之授權金並非是欠缺客觀上之依據

---

[253] Innovatio IP. Ventures, LLC, 921 F. Supp. 2d 903 (N.D. Ill. 2013), 908 (2013).

[254] 同前註,頁 909。

[255] 同前註,頁 910。

[256] 同前註,頁 914。

[257] Globetrotter Software, Inc. v. Elan Computer Grp., Inc., 362 F.3d 1367 (Fed. Cir. 2004.)

[258] Innovatio 案,同註 253,頁 913-914。

[259] 同前註,頁 913-915。

[260]，判定該行為並非虛假[261]。此外，法院也認為，即使該需求信函中存在不實陳述與要求過高授權金之行為，亦尚不足以影響 Innovatio 公司之專利主張，皆不至於使該公司之興訟行為構成虛假[262]。最終，法院認定 Wi-Fi 產品製造商對 Innovatio 公司之虛假訴訟指控皆不成立[263]。

2. 本案討論

國內有學者從虛假訴訟之豁免角度出發討論此案，並探討非實施專利事業體於訴訟前濫發需求信函之問題[264]，但若另以競爭法之角度來討論，Innovatio 公司利用關鍵智財，向潛在侵權者威脅興訟與索取授權利益之行為，應存在著被認定為是利用標準市場獨占力量謀取獨占利益之可能。

在本案 Innovatio 公司所廣發需求信函之過程中，存在許多未被清楚告知所侵犯產品以及相對應侵權方式之公司，Innovatio 公司甚至利誘部分實施 Wi-Fi 關鍵智財之公司，在第一時間、尚無法確定是否侵權之際，先支付權利金獲取折扣以減少損失。此在事證之下，Innovatio 公司既無說明侵權事實，甚至誘使實施公司放棄釐清真相之權利，此種索取授權費用之手段，絕非正當。藉由此不正手段而進行之授權行為，所獲取之利益，自然應被歸類為是不正當利益。甚且，若是標準實施者真是侵犯 Innovatio 公司基於關鍵智財所應得之權益，也應在雙方對等談判溝通之方式下來取得，方符合該關鍵智財價值之合理授權金。然而，Innovatio 公司卻另以提訟要脅之方式來主張權利金，使潛在授權公司無從判斷其侵權行為是否成立、或授權金額是否合理，而反而必須在訴訟壓力下、被迫接受 Innovatio 公司所開出之授權條件。

符合關鍵智財正當利益之授權金，必須基於標準制定組織所制訂之智慧財

---

[260] 同前註，頁 916-917。

[261] 同前註，頁 917-919。

[262] 同前註，頁 919-922。

[263] 同前註，頁 919-923。

[264] 楊智傑，「專利蟑螂隨意寄發索取權利金信函：2013 年 In re Innovatio 案」，《北美智權報》，第一百八十五期 (2017 年 5 月)。(Retrieved from http://www.naipo.com/Portals/1/web_tw/Knowledge_Center/ Infringement_Case/ PNC_170517 _0501.htm，last visited 03/16/2019.)

產權政策，即友善、合理、且非歧視，來取得。若是透過脅迫興訟之行為來要求授權，很明顯非是公平，其原因在於，透過脅迫行為所取得之授權金，將因為不正當力量之介入而應被歸類為不正當之利益。基於持有人透過關鍵智財所取得之不正當利益，有可能會透過轉嫁，將該額外之成本，由標準實施者移轉至消費者，最終將損害購買標準商品之消費者的利益。因此，Innovatio 公司此種利用關鍵智財，向標準實施者謀取不正當利益之行為，即是利用標準商品相關市場之獨占力量來謀取獨占利益、損及公共利益之行為。在此案，即便 Innovatio 公司相關於脅迫興訟之行為可豁免於虛假訴訟之指控，但卻仍有可能因持有標準商品相關市場之獨占力量，而被判定為是謀取獨占利益，使競爭法有介入的空間。

（四）專利反挾持

在 Huawei Technologies Co. Limited v. ZTE Corp. 一案中[265]，Huawei 公司(以下通稱為華為公司)是一家電信通訊設備供應公司，由於與 ZTE 公司(以下通稱為中興公司)之專利授權談判遲遲未果，便以其所擁有並經宣稱之 ETSI 標準關鍵智財，向德國法院提請對中興公司之侵權訴訟，同時亦聲請禁制令[266]。

1. 案件事實

德國法院認為本案之爭點，在於釐清標準市場獨占地位濫用的判斷問題，也就是華為公司聲請禁制令之行為，是否屬於 TFEU 第 102 條之獨占地位濫用[267]。不過另一方面，德國法院也擔心，若是受制於 TFEU 第 102 條之限制，而將禁制令排除在專利侵權救濟方法之外，反而可能造成關鍵智財的反挾持，也就是「關鍵智財持有人擔心因申請禁制令而被認定為獨占地位濫用，反而使潛在侵權人無懼於專利侵權，甚至產生拒絕支付權利金之結果[268]」。德國法院因

---

[265] Case C-170/13 Huawei Technologies Co. Limited v. ZTE Corp. (Fifth Chamber, 16 July 2015).

[266] 同前註，段落 21-27。

[267] 同前註，段落 28。

[268] 同前註，段落 38。

此於 2013 年向歐盟法院提出請求，以協助審理澄清相關於關鍵智財實施的禁制令核發與其判斷基準。

　　歐盟法院於回覆判決中，首先確認 2009 年橘皮書關於關鍵智財聲請禁制令之標準，也就是關鍵智財持有人若已向標準制訂組織承諾 RAND 授權，那麼僅在特定之條件下，始可向法院尋求禁制令救濟，否則將會被認定為獨占地位濫用[269]。歐盟法院並進一步說明德國法院所請求釐清之問題，認為只要是符合標準制訂組織所規定之 RAND 原則來進行專利授權，將可符合 TFEU 第 102 條規範、不會被認定為獨占地位濫用[270]。至於關鍵智財持有人合法聲請禁制令以為救濟之問題，歐盟法院亦在該判決中提出一個判斷程序跟規則[271]：專利權人必須先以清楚說明之方式，來警告潛在侵權者之侵權行為，並提供符合標準制訂組織 RAND 規則之授權與權利金計算方式。若潛在侵權者並未對該授權方式加以善意回應，甚至藉故拖延，那麼關鍵智財持有人在此情況下所聲請之禁制令，將不會被認定為是違反 TFEU 第 102 條之獨占地位濫用。

2. 本案討論

　　關於本案之爭點，其實在於禁制令的核發基準與其判斷方法。德國法院藉由此案所定下之核發基準為「授權金之談判是否符合標準制訂組織所規定之 RAND 原則」，其實就是以 RAND 原則來做為標準利益平衡的判斷。藉由本案其實不難發現，在標準相關市場中，禁制令可基於關鍵智財之市場獨占力量而具備排除競爭之效果，若是法院拒絕了關鍵智財持有人之聲請，而使其失去了此救濟管道，反而使標準實施者得以侵奪關鍵智財於標準相關市場之利益，造就了不公平競爭。反之，若法院忽略關鍵智財於標準相關市場之獨占力量、准許了禁制令的聲請，將可能賦予了關鍵智財持有人額外可影響標準相關市場競爭之力量。因此，無論法院核發或不核發禁制令，都非常有可能導致市場的失衡。例如，在前述 Broadcom 案，禁制令的核發，可能被關鍵智財持有人用來

---

[269] 同前註，段落 30。

[270] 同前註，段落 71。

[271] 同前註，段落 77。

挾持標準實施者以取得超額利益；在本案，禁制令的禁止，也可被標準實施者利用來拖延授權金談判，使關鍵智財持有人之權利甚難主張。此即是標準專利挾持與反挾持議題的兩難之處。

本著作認為，關於標準專利挾持與反挾持之議題，應可分別就關鍵智財持有人與標準實施者行使關鍵智財之方式，以及其各方式對標準市場之影響來分開討論。藉由檢視標準市場競爭行為之方式，便可獨立判斷是否構成，如市場力量濫用、限制競爭、排除競爭、或謀取獨占利益等，違反公平競爭之行為。如此跳脫了利益平衡之思維，便可不需在標準關鍵持有人與標準實施者之間，做利益取捨或劃定界線，因此理當不會導致市場獨占力量之失衡，應有助於解決專利挾持與反挾持的兩難困境。

競爭法，乃是為了要消除競爭障礙以確保標準市場公平且自由之競爭，除了必須避免關鍵智財持有人濫用標準商品的市場獨占力量來謀取獨占利益之外，另一方面，也須確保關鍵智財持有人在標準商品相關市場的利益能夠合理主張。然而，若標準實施者遲遲不願意、甚至拖延洽談授權，則關鍵智財持有人必須有其它積極之救濟方式來取回或衡平其在標準市場之應得利益，否則其投資在標準關鍵智財之成本與相關之應得利益將無法得到填補。因此本案之爭點其實在於，無論關鍵智財持有人有無取得禁制令之救濟，標準實施者是否可以拒絕授權，以及關鍵智財持有人是否仍有其它之方式以救濟其相關於關鍵智財之合法權利[272]。

原則上，標準實施者若依照標準規範生產標準商品，必定可因關鍵智財所衍生之經濟價值，而獲取相對應之利益。若關鍵智財持有人擔心被控獨占力濫用，而無法向標準實施者請求歸還由相關於關鍵智財之應得利益，該標準實施者即是侵占關鍵智財持有人於標準產品市場之獨占利益。簡言之，若標準實施者獲取從關鍵智財附加於標準商品之利益，卻不願意支付給關鍵智財持有人相對應之授權金，此行為即是獨占由關鍵智財所衍生之經濟利益。而此舉將關鍵

---

[272] 國內已有學者討論此議題，請參閱 黃惠敏，「標準必要專利與競爭法之管制—以違反 FRAND/RAND 承諾為中心」，《中原財經法學》，第三十六期，頁 203-211，2016 年 6 月。

智財之經濟利益據為己有之行為，無疑為違反競爭之行為。甚且，若標準實施者在明知侵權卻未取得授權的狀態下，持續製造甚至銷售標準商品，即是在違法之條件下實施關鍵智財。因此，若以競爭法之角度觀之，此行為應可被認定為是使用不正當之方式來獲取標準市場利益。

　　以本案之情形來看，若華為公司已確實行使其合理主張關鍵智財之權利，即已踐行歐盟法院所言之正當程序，而仍無法從中興公司取得任何無回應與善意。在此情況，華為公司在中興公司完成標準商品之銷售後，對於其所持有關鍵智財之利益，並無法透過收取關鍵智財權利金而獲得歸還。換句話說，中興公司將獨占華為公司所應得、在標準商品相關市場相關於關鍵智財之利益。中興公司此舉，不但造成華為公司在標準商品相關市場之正當利益無法主張，同時也獨占華為公司在標準商品相關市場、相關於關鍵智財之獨占利益。若中興公司在得知侵權後，仍持續生產銷售相關之標準商品，但卻同時拒絕甚或是拖延與華為公司之授權談判，此舉明顯侵害專利法所保障專利權人之權利，即屬不正當之手段。據此，中興公司實施標準商品，卻拒絕或藉故拖延關鍵智財之授權談判，應可被認定為是競爭法中，運用不正當方式謀取標準商品相關市場利益之行為。

二、標準技術相關市場之競爭

　　因應龐大的消費市場需求，資訊通訊及科技產業已成立許多標準制訂組織，目的多設定在制訂符合各式市場需求之標準規範。其中第三代合作夥伴計劃[273](Third Generation Partnership Project，以下簡稱 3GPP)，與電機電子工程師

---

[273] 3GPP 是一個成立於 1988 年、由歐洲、美國、日本、韓國、中國與印度等各區域標準制定組織所共同合作組成的全球標準發展組織。曾經發展符合第三代(IMT-2000)與第四代(IMT-Advanced)行動通訊系統需求之標準。目前正在發展滿足第五代行動通訊系統(IMT-2020)需求之標準規範。

學會[274] (Institute of Electrical and Electronics Engineers，以下簡稱 IEEE)是現今最重要的行動通訊標準制訂組織之一，兩組織皆致力於發展符合第三代、第四代、甚至第五代的行動通訊系統技術標準。本章節以此二標準制訂組織在制訂標準規範時所發生之案例，來討論在標準相關市場創新階段、施行技術競爭之行為。

（一）操作標準需求

　　一個標準制訂組織在制訂規範之初，必須先確定發展需求與目標，並藉由技術議題的討論、在形成決議後才可確立規範。由於標準規範發展所牽涉之技術議題不同，同時參與者之間的立場也存在著差異，因此標準制定組織通常會由主席來設定該討論的議事規則，用以提升討論效率與加速促成決議。在 3GPP 標準實行技術競爭之過程中，主席所設下的提案條件與議事規則，也經常對標準需求以及相關之技術討論產生重大影響。

1. 案件事實

　　2009 年 3GPP 在發展第四代行動通訊系統之 LTE-Advanced 標準時，負責討論標準需求之技術群組全會主席，曾經設下一個提案規則，就是新標準需求提案必須先經由所有電信業者會員之投票來設定優先順序，其後才可分派至各工作群組進行細部技術討論[275]。若某一工作項目(working item)或研究項目(study item)之提案無法獲得多數電信業者會員之支持，以致經投票後僅能取得較低之信用分數(credit score)，則該項目提案會以低優先權之方式處理[276]。

　　自 2014 年開始，接續繼任之技術群組全會主席更改提案規則，所有新需求提案皆必須得到四家以上公司會員之聯名支持，才可以被列入議程討論，否則

---

[274] IEEE 是一個成立於 1963 年、討論全球性電子、電機、資訊與通訊技術之工程師協會。曾經發展 IEEE 802.1、802.2、與 802.3 等有線通訊技術標準，以及 IEEE 802.11、802.15、以及 802.16 等無線通訊系統技術標準。其中 IEEE 802.11 為現今 Wi-Fi 通訊系統使用的技術標準，而 IEEE 802.16 即是符合第四代行動通訊系統(IMT-Advanced)需求之 WiMAX 技術標準。

[275] ETSI Mobile Competence Centre [MCC], *Report for 3GPP TSG RAN meeting #53*, 3GPP RP-111723, Fukuoka, Japan, 13-16 September (2011), at 62.

[276] 在 3GPP RAN 第五十三次群組全會中，曾經發生有提案會員因為信用分數過低而自行宣布放棄(withdrawn)之情形。(同前註，頁 65、70、80)

有可能因會議時間不足的原因被擱置[277]。此新標準提案之優先規則，其實是使用聯名支持的方式來過濾不受重視的新工作或研究項目提案。在該主席就任期間，也造成不少的項目提案因為無法取得足夠多的公司會員支持，而發生遭到擱置的情形[278]。

　　2017 年底，新就任之技術群組全會主席，採用不同以往之議事規則來討論技術需求提案[279]。在該新議事規則中，為確定標準項目之目標與範圍能夠符合產業市場需求，針對不同技術之需求項目，設置有保持中立、不代表任何公司立場之報告員(rapporteur)，來統整相關項目提案並對技術群組全會報告。在完成報告過後，技術群組全會需另外選出技術討論主持人(moderator)開始來為各項目來進行協調與整合提案[280]。技術討論主持人之任務在確保技術項目之目標與範圍，能夠經由協調來取得多數會員之支持以促進共識之凝聚，而另一種重要的任務便是確保少數者之提案意見也能適當的反映在該項目之討論中。待報告員與技術討論主持人分別完成指定工作後，技術群組全會即可針對協調後之工作與研究項目進行確認，接著便可分派至指定工作群組開始討論技術細節並制定標準。

2. 本案討論

　　2009 年技術群組全會主席所採用之標準需求提案方式，整體而言，乃是以電信業者之意見為主要考量、用以決定未來發展標準技術之市場需求。首先，主席開放每個標準會員皆可對未來電信市場的需求提出提案或看法，在公開透

---

[277] ETSI MCC, *Report for 3GPP TSG RAN meeting #66*, 3GPP RP-150060, Maui, USA, 8-11 December (2014), at 95.

[278] 詳情可參閱 3GPP 群組全會於 2014 至 2016 年間，第 67 次會議(TSGR_67 RP-150581)，第 70 次會議(TSGR_70 RP-160524)，第 72 次會議(TSGR_72 RP-161883)，第 73 次會議(TSGR_73 RP-162486)，與第 75 次會議(TSGR_75 RP-171409)之會議記錄。(Retrieved from https://www.3gpp.org/ftp/tsg_ran/TSG_RAN/, last visited 03/16/2019.)

[279] ETSI MCC, *Report for 3GPP TSG RAN meeting #78*, 3GPP RP-180516, Lisbon, Portugal, 18-21 December (2018), at　31.

[280] RAN Chairman, *Handling new SI/WI proposals in RAN*, 3GPP RP-172795, Lisbon, Portugal, 18-21 December (2018), at 2-4.

明的條件下、成為信用分數的投票標的。其後在電信業者投票決定信用分數的
過程中，雖然電信業者會員處於相同之產業服務市場，但行為乃是依據自身立
場，以及對未來電信市場整體需求之角度，經研究後對每個需求提案所給予之
評價。依據國內學者對聯合行為構成要件之見解來看[281]，若電信業者會員彼此
間，未有以契約、協議、或其它合意之聯絡方式來共同決定信用分數，那麼由
電信業者會員共同決定標準技術發展需求之方式，應不構成競爭法中之聯合行
為。此外，該主席採用此方式來決定標準需求，其目的亦是希望透過電信業者
之意見來幫助凝聚對未來電信市場之看法，並藉此尋由標準需求的最大共識。
基於所有標準需求之提出，皆未被限制或排除，可見此需求制定之方式，應不
會產生限制或排除競爭之效果。此外，所有標準會員所提出提案，皆可在電信
業者的公開投票情形下決定信用分數，所決定之標準需求理應無法被操控，可
見此議事規則之設置，基本上應符合公平競爭之精神。

在 2014 年技術群組全會主席所提出之限定支持的提案議事規則中，彼此競
爭之公司常常會為因為利益相衝突而拒絕聯名支持對手之需求提案。由於，新
進公司的需求提案往往會因為影響其他公司之既存利益，在一般情形，通常無
法獲取足夠數量之公司支持。原則上，標準需求為標準技術相關市場之獨占力
量，其決定必須經由會員公平提出，且經由偕同討論來決定。若是某些需求提
案，在標準制訂程序被排除而無法列入議程討論，其後續的技術提案也將一併
失去在標準技術相關市場上、與其它技術實行競爭之機會，並將直接產生排除
競爭之結果。以本事件實際發生之情況來看，的確也有部分需求提案，因為遲
遲無法取得足夠之支持，而導致無法通過主席所設下門檻，甚至在議程上屢遭
擱置，最後被迫放棄的下場。此種標準需求之決定方式，有可能使部分需求提
案因為被無法公平的被列入議程討論，對後續的技術競爭造成了限制。基於可
能在標準技術相關市場產生限制競爭之效果，因而此標準制定方式可能有違反
公平競爭之疑慮。

---

[281] 吳秀明，「聯合行為理論與實務之回顧與展望—以構成要件相關問題為中心」，《月旦法學雜誌》，
　　第七十期，頁 71-72，2001 年 3 月。

　　以 2017 年技術群組全會主席所採用之標準需求決定方式來看，先由不代表公司立場之報告員整理提案，之後再由中立之技術討論主持人來進行提案協調，只要報告員與技術討論主持人保持中立與公平之立場，此方式應符合自由與公平競爭之精神。報告員之設置目的，在確保所有需求提案在整理過後的完整呈現，使所有需求皆可反映在議程上並列入討論；技術討論主持人之任務，在使每個技術議題都可以在會員之間得到充分之討論與溝通。在此規則下，所有的需求提案皆可以取得公平的討論機會，並使標準需求在會員偕同並充分的討論條件下來確定，因此，此程序基本上應當符合公平競爭之原則。不過，若報告員與技術討論主持人在其負責之程序中，未堅守中立公平之立場，而發生偏頗某特殊需求、或甚至排除特定技術的行為，仍有可能被認定為是利用代表標準技術相關市場之獨占力量，即標準需求之制定程序，來謀取獨占利益與排除競爭之行為。

（二）限制標準需求

　　一個通訊系統標準的發展需求，為後續標準實施之廠商所必須遵循，並將直接影響依照該規範所生產之標準產品規格。若標準需求被綁定在與某特定公司之產品或技術，甚至是在謀取私益之條件下所訂定，可能也會有違反公平競爭之疑慮。

1. 案件事實

　　高通公司為 3GPP 標準制定組織中技術領先之公司，其所研發之通訊技術經常擁有領導新標準發展之影響。高通公司於 3GPP 技術群組全會第 67 次會期中提出新工作項目，建議未來標準規範新增兩個行動終端的需求類別(category)，讓高階行動終端可以使用 256 正交調頻調幅(Quadrature Amplitude Modulation，簡稱 QAM)之調變技術，以達到每秒 1000 兆位元(Megabits per second，即 Mbps)以及 1600 兆位元之下行傳輸速率[282]。

---

[282] Qualcomm, *Introduction of new UE categories*, 3GPP RP-150096, Shanghai, China, 9-12 March. (2015), at 1-2.

由於在當時，僅高通一家公司具有實現該調變技術與傳輸速率之能力，因此，該新需求提案在會場引發許多爭議討論。有公司會員提出疑問，認為一般使用者根本無從察覺通訊系統內部所使用之細部技術，若是特別要求標準規範必須註記所使用之調變技術，其實對市場並無實益。甚且，如果相同效能之行動終端，僅因為內部技術的實現方式不同而另外設置不同之需求類別，將可能造成標準市場的混淆與分裂問題[283]。此外，也有許多公司會員聯名提出反對意見，一方面認為當時之使用者尚無如此高之傳輸需求，並對必須使用 256 正交調頻調幅之調變技術來實現如此高之傳輸速率的可行性提出質疑。

當時的多數意見是建議將高通公司所提之高階行動終端新類別，延遲至未來的標準規範版本再來討論制訂，以讓當時之行動終端僅需支援實務上較可行之每秒 750 兆位元傳輸速率即可，而且也不須特別規範行動終端內部所需實現之調變技術[284]。最後，在會場經歷多次協調後，完成一份折衷之決議，將 256 正交調頻調幅調變技術設定為非必要實施之技術特徵[285]，可是卻同時將每秒 750 兆位元、每秒 800 兆位元、以及每秒 1000 兆位元等之傳輸需求，新增並列入該工作項目[286]。值得注意的是，雖然高通公司所提出的 256 正交調頻調幅調變技術，最後並未被設定為必要實施，而是以非必要實施之方式來註記，並列入該工作項目之參考附件。可是，若依照當時的技術水準與可行實施之方式來看，要實現每秒 800 兆位元與每秒 1000 兆位元之傳輸速率，除使用 256 正交調頻調幅調變技術之外，幾乎並無他法[287]。所以事實上，該決議等同宣告，將當

---

[283] ETSI MCC, *Report for 3GPP TSG RAN meeting #67*, 3GPP RP-150615, Shanghai, China, 9-12 March. (2015), at 89-90.

[284] NTT DOCOMO, INC., AT&T, MediaTek, ACER, ASUS, CHT, HTC, ITRI, LGE, Panasonic, Sharp, Hitachi, *Way forward on new UE categories in Rel-12 and 13*, 3GPP RP-150367, Shanghai, China, 9 - 12 March (2015), at 4.

[285] KDDI, Sprint, CMCC, Huawei, HiSilicon, Qualcomm, Ericsson, Nokia Corporation, Nokia Networks, Samsung, *Way forward on new UE categories in Rel-12*, 3GPP RP-150489, Shanghai, China, 9-12 March (2015), at 1-4.

[286] 同前註，頁 2-4。

[287] 同前註，頁 3-4。

時僅高通一家公司可以實現之 256 正交調頻調幅之調變技術,列入 3GPP 標準,成為必要實施之關鍵技術。

2. 本案討論

　　標準相關市場在標準創新階段,以標準需求為市場力量,而標準需求之訂定目的,乃是為了制訂具備互通性與相容性之標準技術,並用以滿足包含消費者需求在內之公共利益,並非可用來滿足私益。若是藉由控制標準需求,而使技術競爭發生限制,即有可能因直接排除其它技術在未來標準商品之實施可能,而可被認定為是一種濫用市場力量之限制競爭行為。由於標準需求具有在標準技術相關市場影響競爭之力量,而標準需求一旦被同意並確定後,將會使後續標準技術之發展,被限定在一定範圍內之技術競爭。然而,「標準」以滿足公共利益為目標之集中發展經濟之行為,如第二章節所述,乃是為了去除無效益之技術發展與不必要之資源浪費。但若市場未來發展非是以滿足公益為目標,反而限制了其它可行技術進入標準技術相關市場施行公平之競爭,那麼此情形很有可能被認定為是謀取獨占利益與限制競爭。

　　以此案之發展過程來觀察,依照多數公司之聯名意見,當時產業可行且對消費者有益之需求提案,應是以行動終端之傳輸速率為未來發展之需求目要,而非是一般消費者所不易理解之專業調變技術種類。若在技術可達之情況下,標準制定組織反而更進一步地規範細部且特定之技術需求,如僅高通一家公司可實現之 256 正交調頻調幅之調變技術,對產業或消費者其實並無實益。例如,當行動終端在標準規範之發展設定下,必須實現每秒 1000 兆位元傳輸速率,此時無論是使用何種調變技術來實現,其實對一般使用者而言皆無分別。也就是說,高通公司所提出,需進一步規範細部調變技術之需求提案,並非是為了公共利益而提。

　　再者,256 正交調頻調幅之調變技術,依當時之技術水平,也僅有高通自己一家公司可實現,也就是說,僅高通一家公司可以透過該特定之標準需求來獲取市場上的利益。若是高通公司所提之新提案寫入標準規範、成為了未來的標準產品發展需求,那麼,將會使高通公司,因持有獨門技術、可達該技術水

平，而成為了標準技術相關市場之唯一獨占者。反之，其他公司則會因為受限於 256 正交調頻調幅之調變技術，而失去在接下來標準技術相關市場之競爭機會，甚至還可能因為高通公司所持有相關於 256 正交調頻調幅調變技術之關鍵智財，而在未來之標準商品相關市場受到挾持跟箝制。

綜上所論，高通公司在 3GPP 提出新行動終端之需求提案，綁定了非用於滿足公益之特定技術規格，不但可使自己成為該標準技術相關市場唯一的競爭者，甚至在未來，還有可能因關鍵智財的持有而增加其在標準商品相關市場之競爭力量。因此，除非高通公司可具體指出並證實，該綁定特定需求之提案可對公共利益有所裨益，否則，依本著作之分析，高通公司所提出只允許特定技術進入標準技術相關市場之行為，應可被推定為是限制競爭之行為。此外，若是高通公司進一步使用不正當方法，來促使標準制定組織採用其用以滿足私益之需求提案，則又可能是濫用市場獨占力量、違反公平競爭之另一情事。

（三）濫用標準程序

標準之制定，依據標準制訂組織所定義之程序，所有參與會員皆必須在公平公開的條件下施行技術競爭，若濫用標準制訂程序，甚或引發不正當之競爭行為，將可能違反標準技術相關市場之公平競爭。

1. 案件事實

IEEE 802.20 是電機電子工程師學會為發展行動寬頻無線接取(Mobile Broadband Wireless Access，簡稱 MBWA) 技術，於 2002 年所成立之標準制訂工作群組[288]。在發展初期，Flarion 公司為提出該標準技術需求之創始公司，並在 IEEE 802.20 成立之後便開始投入資源、持續發展可滿足該市場需求之標準技術[289]。著眼於行動寬頻系統之市場利益，高通公司也於 2002 年開始加入 IEEE

---

[288] 目標在發展行動通訊網路，為使用者在時速 250 公里的高速移動條件下，提供超過 1Mbps 的資料傳輸速率。

[289] 林杏銘，「下一代 MBWA 技術之爭-802.20 凍結事件之始末及其影響」，電子工程專輯 (2006)。(Retrieved from https://archive.eettaiwan.com/www.eettaiwan.com/ART_8800431661_617723_NT_eccc5e9c.HTM, last visited 03/16/2019.)

802.20 之標準制訂。但不同於 Flarion 公司積極發展 MBWA 標準技術之方式，高通公司在參與標準制訂的過程中，經常發動無效討論、或抗議拖延等干擾議事之方式，來延宕該標準之制定，使得 IEEE 802.20 標準制訂因為進度遲滯而無法如期完成，連帶使得相關標準商品無法順利進入市場銷售。在遲遲無法從標準商品相關市場取回投資回收之情況下，Flarion 公司於 2005 年因為資金耗盡，而遭到高通公司的併購[290]。其後，高通公司便將自有研發與從該併購案中所取得之 MBWA 技術進行整合，向 IEEE 802.20 提出完整之標準技術草案。

　　另一方面，在該標準制訂之過程中，工作群組主席也被發現不正常操控標準制訂程序之行為，包含發展初期的拖延討論、以及在 Flarion 公司併購案後、180 度轉變的加速決議，在在顯出對高通公司之偏頗，甚至在標準發展後期，更使高通公司所提之標準技術草案，在未經過會員的充分討論下即逕付表決[291]。雖然在此期間，亦有其他會員曾提出不同之技術提案來與高通公司之提案競爭，甚至發動抗議表達制定程序的不公，但卻在發動投票表決後，因為高通公司與經併購後 Flarion 公司所聯合之票數優勢，屢屢遭到否決。所幸就在其他多位會員向 IEEE 標準制定組織提出上訴過後，標準理事會旋即介入並開始調查該工作群組是否存在不公平或不公正之標準制訂行為。直到 2006 年 10 月之調查結果出爐，IEEE 標準理事會在釐清並確認相關事證後，移除了該主席於 IEEE 802.20 工作群組之一切職務[292]。

　　隨後，IEEE 802.20 之標準制訂工作，也因為發生此次事件，使參與者與支持者對該標準失去了信心而逐漸減少技術提案的貢獻[293]，終於在 2009 年底完全

---

[290] Flarion 公司遭到 Qualcomm 以 6 億美元之價格併購。(同前註，段落 5)

[291] 同前註，段落 6-8。

[292] Nikolich. *IEEE 802.20 Appeals Update*, IEEE C802.20-06/30, Dallas, Texas, USA, 12-17 November. 30 (2006), at 1-2.

[293] 提交至 IEEE 802.20 標準制定組織之貢獻提案，自 2007 年開始持續遞減，並在 2009 年 11 月過後，再無公司提交提案至該標準制定組織。 (Retrieved from http://grouper.ieee.org/- groups/802/20/ Contributions.html, last visited 03/16/2019.)

停止了所有之標準制訂工作[294]，至此終結了 IEEE 標準制定組織在行動寬頻通訊系統之發展。

2．本案討論

在標準創新階段中，技術市場的公平競爭，指的是技術提案需經公開且完全之討論，讓所有利害關係者皆可以在充分的理解下，來決定某提案是否有助於標準發展目標之達成。然而，若在制訂標準規範的過程中，發生阻礙提案之提出，甚或是影響公平討論議事之情形，皆有可能會使利害關係者無從判斷標準市場之需求是否可被滿足。如此之結果，將導致未來依據該標準規範所製造之標準商品，有可能因無法滿足標準市場需求，而造成標準相關市場經濟效益之減損，甚至可能失去應有之經濟價值。

公平公開的標準制訂程序，用意在確保標準制訂組織能以最大共識，來制定可滿足標準市場需求之技術，然而，若是透過操控議事規則來控制標準需求甚或排除競爭技術，則將可能造成不公平競爭之結果。原則上，在標準市場擁有獨占之技術或是關鍵智財，並不違反競爭法，但若是以違反競爭之方式取得標準市場獨占力量，則極有可能違反競爭法[295]。在此案 IEEE 802.20 標準的制訂工作中，存在著許多可能違反公平競爭的行為，其中以工作群組主席協助高通公司操控標準制訂程序之行為，最值得關注。

首先，高通公司在工作群組主席協助下杯葛議事，阻撓 IEEE 802.20 標準之制訂，使標準共識無法順利產出，並延宕標準規範之產出時辰，使標準商品無法如期進入市場銷售，此不正當行為之一。再者，工作群組主配合高通公司之行為，一方面使其他公司之技術提案在標準制訂的過程中無法得到公平且充分的討論機會，另一方面卻使高通公司之標準技術草案，在未經充分討論或取

---

[294] 從 IEEE 802.20 工作群組的官方網頁中，可以得知 Mobile Broadband Wireless Access (MBWA)標準的制定工作自 2009 年後即呈現終止 (hibernation)狀態，迄今未恢復啟動。(Retrieved from http://grouper.ieee.org/groups/802/20 /index.html, last visited 03/16/2019.)

[295] 國內有學者認為，「擁有獨占力本身不應視為違法，除非伴隨反競爭行為的要素」。請參閱 廖賢州，「從 Verizon v. Trinko 案看電信市場之管制與競爭」，《行政院公平交易季刊》，第十三卷第三期，頁 158-159，2005 年 7 月。

得共識之條件下，快速透過投票優勢表決通過，此不正當行為之二。綜整來說，高通公司於前述之兩行為，皆是有可能會破壞標準技術相關市場公平競爭之行為，以下將分析論述之。

　　一般而言，在標準技術相關市場之競爭中，標準參與者之意見紛歧，並非鮮見，但通常經由多次溝通與相互妥協，在共同發展標準市場之目標下，皆可逐步尋得一定共識。然而，若是透過阻饒之方式作為競爭之手段，因為不但可能會阻礙標準市場需求目標之達成、影響消費者利益，亦將會剝奪其他公司公平競爭的機會，甚至造成直接之損失。在本案，高通公司透過工作群組主席杯葛議事並延宕標準技術之討論，使制定 IEEE 802.20 標準之完成時程受到延宕，連帶使得標準商品無法如期面市。由於該行為已使該標準之制訂發展無法在預定時間點達到目標，甚至還在事後導致該標準市場之消失，直接損害已多年投入資源、開發該標準市場之 Flarion 公司的利益，最終才會導致該公司被併購之結果。由於高通公司此行為很明顯是藉由操縱標準制定的程序以及議事規則，來達到拖累、甚至是傷害競爭對手之目的，因此，此種利用標準技術相關市場之獨占力量，即標準需求之制定，來施行排除競爭之行為，應難謂之為公平。

　　此案中，工作群組主席一方面拒絕高通公司以外公司之提案報告機會，另一方面卻給予高通公司特殊待遇，使其提案可在未經充分討論之情形下即逕付表決。如此之結果，使其他公司在 IEEE 802.20 標準的制定程序中，無法獲得對等機會與高通公司公平競爭，不但阻卻了其它提案進入標準技術相關市場之空間，亦同時限制了未來標準市場之發展可能。相反的，高通公司之技術提案卻反而可跳過公開討論程序，成為 IEEE 802.20 標準規範的候選草案。由於該草案並未實質經利害關係者之審視與檢驗，一旦該草案完成 IEEE 標準制定組織之投票程序，並通過成為標準規範，則可能導致依據該規範標準所製造之產品，未必能真正滿足未來 MBWA 行動寬頻無線接取市場需求。甚者，若高通公司提出之草案是在利用其與併購後 Flarion 公司所聯合的投票優勢，在他公司無法有效反對之狀態下所通過，那麼在此種非公平、不公開、且經歷暴力投票過程的標準制定行為，無疑為未遵守標準制訂原則之不正當競爭方法。由於該

行為使高通一家公司之提案技術得以被列入標準規範，最終使該公司唯一獲得代表著 IEEE 802.20 標準產品市場獨占力量之關鍵智財，因此高通公司亦應可被認定為是使用不正當之競爭方法，來獲取標準市場之獨占力量。

　　綜上所討論，由於高通公司在此案以多項拖延與操控標準制定之方式，不但在標準技術相關市場產生限制競爭之效果，同時亦屬於用不正當方式取得標準產品市場獨占力量之行為，因此可堪認定為是違反公平競爭之情事。

第五章　我國高通案之分析

　　隨著知識型經濟的日漸風行，標準市場之商業行為日益多端，在我國也發生越來越多的競爭法爭議。近年來最為引起關注的，為高通公司運用其所持有之關鍵智財，向手機代工公司與品牌公司施行不公平競爭之案件，該案並分別遭到中國大陸、南韓、歐盟、美國、與我國之起訴或處分[296]。本著作以我國高通案為例，運用第三章所提出、標準相關市場獨占力量之分析模型，來具體討論我國公平交易法對於標準相關市場競爭之適用。

一、案件事實整理

　　高通公司為 CDMA、WCDMA、與 LTE 等 3G 行動通訊標準之晶片供應商，在手機代工廠商與品牌廠商之檢舉下，我國公平交易委員會(以下簡稱公平會)於 2015 年立案，調查該公司於標準市場之商業行為，是否存在著不公平競爭[297]。經調查後發現，高通公司曾經強迫手機代工與品牌相關廠商接受其無需求之非關鍵智財授權[298]，同時以整只手機之淨售價為計價基礎，向該手機相關廠商收取高額授權金[299]。

　　除此之外，高通公司又在未提供專利授權清單的條件下，要求該手機相關

---

[296] 楊智傑，「高通行動通訊標準必要專利授權與競爭法：大陸、南韓、歐盟、美國、臺灣裁罰案之比較」，《行政院公平交易季刊》，第二十六卷第二期，頁 1-54，2018 年 4 月。

[297] 公平交易委員會，公處字第 106094 號處分書，頁 1-2 (2017)。

[298] 同前註，頁 3。

[299] 同前註，頁 3。

廠商接受可能包含非標準相關、甚至是過期專利之授權[300]。也有部分手機相關廠商表示，若拒絕與高通公司進行無償之交互授權，則無法與高通公司簽屬授權契約以取得晶片與銷售的權利[301]。甚者，高通公司為保護其在基頻處理器市場之獨占地位，以斷絕晶片供應為要脅，要求手機相關廠商接受其所開出之種種授權條件，否則將拒絕繼續供應晶片[302]。

該調查報告也提出關於高通公司違反ETSI標準制訂組織FRAND承諾之事證，即高通公司因擔心權利耗盡原則，僅願意授權予手機相關廠商，而拒絕提供授權予晶片競爭同業，使手機相關廠商無法與其他晶片供應商建立商務關係[303]。該調查報告並額外指出，高通公司曾對某特定手機廠商提供折讓以換取獨家交易[304]。

二、公平會處分

（一）公平會之認定

公平會於處分書中認定，高通公司為本案之實施行為主體[305]，並按照公平交易法(以下簡稱公法)第 5 條，與「公平交易委員會對於技術授權契約案件之處理原則」(以下簡稱處理原則)第4點第2項，本案之相關市場應為 CDMA、WCDMA、及 LTE 等標準頻處理器產品及技術之相關市場[306]。此外，由於關鍵智財之技術與使用者不受所屬地域之差別，因此本案之地理市場，應以全球為

---

[300] 同前註，頁4。
[301] 同前註，頁4。
[302] 同前註，頁5。
[303] 同前註，頁4、5、9。
[304] 同前註，頁5。
[305] 同前註，頁46-47。
[306] 同前註，頁48-49。

計算基礎[307]。公平會並依公平交易法施行細則(以下簡稱施行細則)第 3 條，審酌市占率、替代可能性、影響市場價格能力與進入市場之困難等因素，認定高通公司在前述相關市場，因具排除競爭之能力而為獨占事業[308]。

　　接著，公平會以相關市場與獨占業者之認定為基礎，在處分書中討論高通公司於本案中之各項競爭行為。首先，高通公司已於該標準制訂組織為 FRAND 原則之承諾，卻拒絕基頻處理器之相關授權與協商，使未獲授權之競爭同業不但面臨被訴專利侵權之風險，更有中斷銷售之虞，此行為不僅違反 FRAND 承諾，亦有損競爭秩序[309]。關於高通公司所施行之「拒絕授權則無晶片(no license, no chip)」之政策，公平會認為將創造對高通公司有利之授權條件，並發生包含基頻處理器價格之提升、降低消費者對競爭同業產品之需求、競爭同業之排除、以及因高額授權金所導致之手機價格抬高等，種種有害競爭之效果[310]。此外，公平會在調查後發現高通公司所提出之獨家交易條款，也同時有效排除了其它基頻處理器之供應。基於高通公司無經濟上之理由卻享有超額利潤，因此認定相關行為有損基頻處理器市場之競爭，構成濫用獨占地位之違法[311]。

　　公平會最終審核高通公司整體經營模式之所涉行為，依公平法第 9 條第 1 款之規定「獨占之業者，不得有下列之行為：一、以不公平之方法，直接或間接阻礙他事業參與競爭。……」判定高通公司以其獨占地位、損害基頻處理器市場之競爭，屬以不公平之方法，直接或間接阻礙他事業參與競爭[312]。

（二）不同意見書

　　由於此案件的高度爭議性，關於公平會對本案件之處分，另有三份不同意

---

[307] 同前註，頁 49。

[308] 同前註，頁 52-53。

[309] 同前註，頁 55-60。

[310] 同前註，頁 60-64。

[311] 同前註，頁 64-66。

[312] 同前註，頁 1。

見書之提出。

　　首先，有委員認為公平會於此案件中，未以經濟之觀點來分析此案件、可能偏離了公平法之立法意旨[313]。該不同意見所提出之質疑在於，處分書僅認定高通公司在產品市場為獨占事業，並未另外界定技術市場，然卻以公平法禁止獨占濫用之規定，認定高通公司實施屬於技術市場之獨占濫用行為[314]。此外，該委員亦認為公平會之論述前後存在著邏輯矛盾，導致「拒絕授權競爭同業」是否仍適用於獨占濫用禁止之規定，著實存在著爭議[315]。

　　第二件不同意見書則是點出，專利價值極大化乃為科技業常見之商業策略，對於高通公司主張授權金是否公平之議題，若在缺乏經濟與產業分析之條件下，尚不足以做成決定[316]。

　　最後在第三件不同意見書中，有委員指出公平會於此案件處分理由之疑點，認為若無經過仔細評估與分析過程即認定高通公司於晶片等相關市場具有市場獨占地位，即是套套邏輯與循環論證之謬誤[317]。況且，高通公司遭指控之限制競爭行為，亦須查明究竟是否有無違反競爭之效果，才足以判定是否違法[318]。該委員更進一步表示，此處分書「於高階手機晶片市場幾乎處於無競爭之態勢」等文字描述，僅以市場占有率來分析高通公司之競爭優勢，但卻對於技術提供者之動機與利益，缺乏平衡論述與客觀評價[319]，甚是可惜。

---

[313] 同前註，協同意見書，頁1。

[314] 同前註，協同意見書，頁3。

[315] 同前註，協同意見書，頁4。

[316] 同前註，協同意見書，頁19-20。

[317] 同前註，協同意見書，頁22。

[318] 同前註，協同意見書，頁23。

[319] 同前註，協同意見書，頁23。

三、本案討論

　　關於本案，公平會處分書之不同意見書中，不難發現在判決中，對於部分的論述與審酌理由尚存一些爭議，因此本著作嘗試從市場獨占力量之角度切入，運用標準市場之商業化模型來進一步討論關於此案之各項議題，並將爭點整理如下：(1) 依公平法第 5 條之規定，此案之相關市場為何？(2) 高通公司是否符合公平法中關於第 8 條所規定之要件，而為該相關市場中之獨占事業？(3) 高通公司於該相關市場所為之競爭行為，是否為公平法第 9 條第 1 項所規定、獨占事業之禁止行為？以及(4) 拒絕授權則無晶片之授權策略是否違反公平法第 20 條第 1 項第 5 款之搭售條款？

（一）相關市場之介分

　　按照公平法於第 5 條所揭示，相關市場指「事業就一定之商品或服務，從事競爭之區域或範圍。」依照本著作第三章節之討論，標準市場依照從事競爭之商品不同，可分為標準技術與標準商品兩個相關市場。在標準技術相關市場之競爭，為標準需求與技術之競爭，而保護標準技術之關鍵智財，為該市場所產出且可供交易之商品；在標準商品相關市場之競爭，為標準商品之競爭，而可實現標準功能規格之實體產品，為該市場所產出且可供交易之商品。以下依不同標準商品從事競爭之區域與範圍討論之。

1. 處理器相關市場

　　依據公平會於處分書中所述，此案件所討論之商品包含有，高通公司所持有、相關於 3G 行動通訊標準技術之關鍵智財(以下簡稱系爭關鍵智財)，高通公司所銷售、可實現該相關 3G 相關標準技術之基頻處理器(以下簡稱系爭處理器)，以及應用高通公司基頻處理器而實現 3G 行動通訊具通話功能之手機(以下簡稱系爭手機)。由於系爭標準智財，乃是高通公司經由參與 3G 行動通訊標準制定後所產生，而系爭處理器乃是依據 ETSI 標準(以下簡稱系爭標準)所生產製造，且符合該標準功能規格之產品，顯見高通公司先後參與 ETSI 標準市場創

新階段與實施階段之商業化行為,符合本著作所述之標準商業化發展之模型。

　　高通公司曾於本案提出書面說明,除關鍵智財之授權外,並未否認相關於系爭處理器之非關鍵智財授權,僅爭執於該相關授權行為是否違反公平交易,可見系爭處理器乃是同時包含關鍵智財與非關鍵智財之實體產品。若以圖 3-4 之分析模型來看,系爭處理器為實體產品,同時包含關鍵智財與非關鍵智財,即在是本著作標準市場商品分類中,可被歸類為 B 公司所生產製造之標準商品,而高通公司也因符合圖 3-3 中之 B 公司標準發展模式,而屬於進階標準商業化公司。

　　以發展知識型商品之角度來討論,系爭標準智財為歷經系爭標準之制訂程序所產生,並用以保護相關行動通訊技術相關之智慧財產,而系爭處理器為高通公司依據系爭標準規範所完成之晶片設計,並經晶圓廠所生產製造完成。由於該系爭處理器之標準商品,必定內含相關於系爭標準規範之關鍵智財,高通公司也因此得以宣稱其擁有系爭關鍵智財,並據以實施於系爭處理器之事實。除此之外,高通公司所持有之非關鍵智財,也在高通公司生產晶片之過程而實施於系爭處理器之上,最終使得系爭處理器成為如圖 3-4 中之 B 公司所產出之知識型商品。

　　值得一提的是,若晶片競爭同業僅依據系爭標準之規範來製造處理器,由於該晶片競爭同業之處理器同具有實現系爭標準技術之能力,因此該競爭同業所製造之處理器,即如圖 3-4 中 A 公司所產出之知識型商品,亦同屬於標準商品相關市場之商品。由此可見,高通公司於晶片市場上,可單獨銷售其所供應之系爭處理器,而同時間在市場上,亦同時存在其他晶片競爭同業依據系爭標準規範所生產之其它處理器商品,與系爭處理器相互競爭。因此,依據公平法第 5 條之規定,高通公司與其他晶片競爭同業,因生產應用系爭標準技術且內含關鍵與非關鍵智財之處理器,為該法所稱之事業,而針對實現該系爭標準技術之處理器而進行銷售販賣之範圍,即是以系爭處理器為標準商品,從事價格與銷售競爭之相關市場。

2. 手機相關市場

系爭手機為手機品牌廠商採用高通公司供應之處理器，再加上其它零組件，經代工廠組裝後所產生，為可提供 3G 行動通訊功能之手機。由於系爭手機內部包含多種零組件，除系爭處理器外，亦包含螢幕、電池、USB 及音效等，與系爭標準技術無涉之功能，甚至部份零組件因提供其它標準技術功能，而應屬於其它標準規範之範疇，例如，手機可能支援 ITU 所制定之 H.264 標準、USB 開發者論壇之 USB 2.0 標準、或其它影音與傳輸介面之標準。可見系爭手機除了提供 3G 標準行動通訊功能之外，亦提供多種來自不同技術領域、提供不同標準功能規格之複合(compound)標準商品。

在此案，高通公司僅是在為了實現系爭手機功能的眾多標準技術與零組件供應商中，其中的一個晶片供應商。若以整支手機為商品來討論，生產系爭手機之手機品牌廠商無疑為公平法第 5 條所稱之事業，而以系爭手機為商品來進行生產銷售販賣之範圍，即是系爭手機之相關市場。在此情形，高通公司僅因提供系爭處理器而為系爭手機之零組件供應商之一，並非是以手機為商品單位來與其他手機事業進行競爭，因此高通公司於系爭手機市場，應無法被推定為是如公平法第 5 條所定義、於系爭手機市場之競爭事業。

3. 小結

以本節論之，高通公司雖然基於其在處理器市場所擁有的高市場占有率，使其所生產之系爭處理器，得以應用於多數手機品牌廠商所生產之手機商品，然其產品僅包含專利授權業務與晶片產品業務，實際上並未真正涉入系爭手機之生產或銷售。以公平法第 5 條關於事業與競爭之角度來看，高通公司為系爭處理器市場之競爭業者，卻非是系爭手機市場之競爭業者。此外，透過此事實分析也可明顯推得，系爭處理器之相關市場與系爭手機之相關市場，實質上乃為兩個相異之標準商品市場。

綜上所述，基於標準商品之組成、所提供之功能、以及應用該商品從事相關競爭之事業來分析，此案件依公平法第 5 條，應共包含兩個不同之相關市場，分別是以系爭處理器為商品，可實現系爭標準功能之第一標準商品市場，以及

以系爭手機為商品，可實現除系爭標準之外，還包含其它標準功能之第二標準商品市場。

（二）獨占事業之判定

　　獨占的定義，依公平法第 7 條第 1 項，指「事業在相關市場處於無競爭狀態，或具有壓倒性地位，可排除競爭之能力者。」若高通公司在此案之相關市場中，處於無競爭狀態或具排除競爭之能力，即符合獨占之要件。再依公平法第 8 條第 3 項之規定，「事業之設立或事業所提供之商品或服務進入相關市場，受法令、技術之限制或有其它足以影響市場供需可排除競爭能力之情事者……，主管機關仍得認定其為獨占事業。」據此，若高通公司商品進入相關市場之行為，經公平會認定後，具有影響市場供需或排除競爭之情事，則高通公司在該相關市場即為我國公平法所稱之獨占事業。然依據施行細則第 3 條之規定，公平會在審酌獨占事業之認定時，必須在時間與空間等因素下，考量商品在相關市場變化中之替代可能性，以及事業影響相關市場價格之能力，方能確定高通公司在其商品之相關市場是否真為獨占事業。

　　首先在標準處理器之第一相關市場中，高通公司所提供之商品為包含系爭標準智財與實現系爭標準功能之處理器，而高通公司在該相關市場之競爭行為，包含向手機代工廠商與品牌廠商要求關鍵與非關鍵智財之授權、拒絕晶片競爭同業相關智財之授權、與以供應處理器為由要求各式授權條件等競爭行為。由於系爭標準智財為實現系爭標準之行動通訊功能所必須，使所有在該相關市場之競爭同業皆必須取得系爭標準智財之授權，方能實現系爭標準之規範功能。如此之結果，將致使系爭標準智財之持有者，即高通公司，於該相關市場中因關鍵智財的必要實施而處於無競爭狀態。再者，若高通公司拒絕授權系爭標準智財予其他競爭同業事業，則必定使其他競爭同業無法合法地實施系爭標準所規範之技術，結果將使其它實現系爭標準功能之處理器商品無法進入市場，等同將競爭同業之標準處理器排除在系爭標準相關市場之外。基於高通公司在系爭標準處理器之相關市場處於無競爭狀態，而且其所擁有之標準關鍵智

財具有排除其他事業在該市場競爭之能力，符合公平法第 7 條第 1 項所稱之獨占。

　　若以另一角度來分析，審酌系爭標準規範制定後之市場時空，系爭關鍵智財為實施系爭標準所必須，且並無其它行動通訊技術可供替代，因此系爭標準智財之授權成本必定可影響系爭標準商品之價格或利潤。甚且，拒絕授權更可直接阻卻他事業實施標準之可能，導致將其他事業標準處理器商品直接排除於市場外的效果。因此，擁有系爭標準智財之高通公司，足堪被認定是具有影響系爭處理器市場供需以及排除競爭之能力，而因此為公平法第 8 條第 3 項所稱之獨占事業。

　　依前項所討論，系爭處理器與系爭手機為兩個相異之標準商品相關市場，而且在系爭手機之相關市場中，高通公司僅供應系爭處理器而為系爭手機之零組件供應商，並未以手機為商品進入該標準手機相關市場、來與手機相關業者施行競爭。依據公平法第 7 條之規定，獨占之認定乃是以事業競爭為前提，因此實際上並未加入生產製造手機商品之高通公司，在 3G 手機相關市場中，並不符合該條獨占之條件。縱使以公平法第 8 條來論，除第 1 條與第 2 條關於市場占有率之規定外，第 3 條對於獨占事業之認定，也必須以商品設立目標與商品進入相關市場為要件。然而，依據高通公司於此案之自陳[320]，其主要業務為專利授權與晶片產品，以及參與標準制訂，可見其設立目標與相關商品皆非於手機商品，因此高通公司於系爭手機市場，亦非屬於公平法第 8 條之規範對象。

　　如同處分書所載明，公平會從基頻處理器於實體商品市場上銷售與市占率之角度，認定高通公司為獨占事業。本著作則是另從關鍵智財與其競爭行為之角度出發，認為高通公司在系爭處理器市場符合我國公平法相關規範之要件，而為獨占事業，但在系爭手機市場，因未直接參與競爭，而非獨占事業。

（三）獨占事業之禁止行為

　　依公平法第 9 條第 1 項之規定，獨占事業不得有以不公平之方法，直接或

---

[320] 同前註，頁 24。

間接阻礙他事業參與競爭、對商品價格為不當之決定、無正當理由給予特別優惠、以及其它濫用市場地位之行為。高通公司依前節所論述,為系爭處理器市場之獨占事業,以下分別就高通公司於本案中、系爭處理器市場之競爭行為進一步論之。

1. 未提供專利授權清單

首先,高通公司在未提供專利授權清單的條件下,要求手機相關廠商接受可能包含非標準相關、甚至是過期專利之授權。具備系爭標準功能之基頻處理器,乃為系爭手機之關鍵零組件,而因此相關於該零組件之關鍵智財授權,本為實現 3G 通訊功能所必須。除關鍵智財之授權外,若非實現 3G 通訊功能所必要,手機相關廠商則不一定需要向高通公司取得其所獨有且非標準相關之智慧財產授權。依照一般的商業慣習,對於非標準相關智慧財產之使用,須由手機相關廠商在考量如成本、效能與市場需求後,方能做出決定。

高通公司因擁有關鍵智財,具有要求所有系爭標準的使用者向其取得授權之市場獨占力量。若系爭標準使用者,除系爭標準所必要實施之功能外,不願意使用未寫入標準規範之非標準技術,按理高通公司並無法強制要求系爭標準使用者接受不必要之非關鍵智財授權。然而,若高通公司在關鍵智財之授權過程中拒絕提供專利授權清單,使包含手機相關廠商在內的系爭標準使用者,必須全盤接受其所開出之授權條件,實質上乃是強迫系爭標準使用者接受可能不符合需求之非關鍵智財授權,此行為亦是剝奪了系爭標準使用者選擇或拒絕非標準技術的權利。依公平法第 9 條第 1 項第 4 款之規定,獨占事業不得有其它濫用市場地位之行為,此款所規定的,雖是不同於該條前 3 款所規範之行為,但其基本性質皆為濫用獨占力以阻絕市場或是謀取獨占利益之行為。

在此案,高通公司運用關鍵智財在系爭處理器市場之獨占力量,要求手機相關廠商在無從選擇的情況下,無差別的接受不需要、甚至是過期無效的智慧財產之授權條件,即是違反公平法第 9 條第 1 項第 4 款所規定,濫用其在標準處理器相關之市場獨占地位的違法行為。

2. 無償之交互授權

　　接著，高通公司要求手機相關廠商進行無償之交互授權，否則拒絕系爭關鍵智財之授權。在標準相關市場，即使是獨占事業，若其所生產之標準產品使用到其他公司之非標準相關技術，則必須向擁有該技術之公司，取得相關之智慧財產授權，否則將有侵權疑慮。原則上智慧財產之授權，乃是持有人可自由主張之權利，他人不得任意干涉，但在產業實務上，授權雙方往往透過合意以利益交換之方式所完成之交互授權，此乃是常見之授權模式。因此在標準市場，一般公司擔心未來可能之侵權風險因而向潛在授權公司商討交互授權之事，宜應屬合理，但若是以強迫、甚至是無償取得之方式來要求潛在被授權方來完成交互授權，則明顯逾越公平之範疇。

　　此案件中，有部分手機相關廠商被高通公司要求以無償之方式來完成交互授權，否則將無法取得必要關鍵智財之授權。無論該手機相關廠商所持有之智慧財產為關鍵智財或非關鍵智財，若高通公司欲取得相關智慧財產之授權，理應與該手機相關廠商進行協商，待雙方達成合意之後，方可完成雙方所持有智慧財產之交互授權。然而，此案件中之手機相關廠商卻受迫於高通公司所持有關鍵智財之市場獨占力量，致使其關於其所擁有智慧財產之應有談判權利與授權利益皆遭到剝奪，而僅能接受以無償之條件授權其所持有之智慧財產予高通公司，否則將無法取得系爭關鍵智財之授權。

　　基於高通公司所開出之無償交互授權的行為，與前行為一樣同屬濫用市場獨占地位之行為，因此亦是違反了公平法第 9 條第 1 項第 4 款之規定。

3. 拒絕授權予競爭同業

　　其後是高通公司擔心權利耗盡，拒絕提供關鍵智財之授權予晶片競爭同業，僅願意授權給手機相關廠商之行為。依據系爭標準制訂組織之 FRAND 承諾，關鍵智財之持有人必須基於公平、合理、與非歧視之友善態度，為標準商品實施者提供必要之授權。由於我國專利法上對專利所定義之「實施」，指包

含產品的製造、使用、販賣、及要約等之行為[321]，因此無論是使用系爭關鍵智財之技術，亦或是製造包含系爭關鍵智財之基頻處理器，皆落入我國專利法所規範之實施範圍。在此原則下，無論是使用系爭標準技術基頻處理器之手機相關廠商，或是製造系爭標準技術基頻處理器之晶片廠商，皆符合我國專利法所定義之關鍵智財實施者。

由於系爭關鍵智財之持有人，皆必須依據當初制定標準時所承諾的FRAND原則，給予所有實施者符合公平、合理與非歧視之授權，因此高通公司拒絕提供關鍵智財之授權予晶片競爭同業的行為，即因為違反系爭標準之 FRAND 承諾，而可被視為是實施關鍵智財授權之不正當行為。此外，該拒絕授權之行為，將使晶片競爭同業無法合法生產製造相關於系爭標準之處理器，進而使其無法與手機相關廠商建立起商務關係，明顯阻礙該晶片競爭同業參與系爭處理器市場之競爭。

由於，高通公司身為系爭標準處理器市場之獨占事業，卻以違反 FRAND 承諾之不正之方法，阻礙了晶片競爭同業之競爭，該當違反公平法第 9 條第 1 項第 1 款，以不公平之方法，直接或間接阻礙他事業參與競爭。

4. 提供折讓換取獨家交易

本著作接著討論，高通公司對某特定手機廠商提供折讓以換取獨家交易之行為。高通公司在該案審理中，自陳該折讓授權之條款乃源自於所持有之智慧財產，其實與晶片係完全獨立且無關連[322]，但公平會依然認定該獨家交易中之高額獎勵金不只包含晶片折讓，亦存在相關於權利金折讓之可能[323]。據此，公平會從基頻處理器供應之角度，以欠缺經濟合理事由，認定高通公司所簽屬具排他性之獨家交易折讓條款，違反公平法第 9 條第 1 項第 1 款，不當且排除基

---

[321] 依專利法第 58 條第 3 項，方法發明之實施，指下列各款行為：一、使用該方法。二、使用、為販賣之要約、販賣或為上述目的而進口該方法直接製成之物。

[322] 公平會處分書，同註 297，頁 37-38。

[323] 同前註，頁 65-66。

頻處理器供應商參與競爭之機會，損害基頻處理器市場之競爭[324]。然而，本著作認為在此事實基礎下，高通公司對特定手機廠商提供具備獎勵金條款之智慧財產授權，仍有違反其它公平法條款之疑慮。

　　依據公平法第 9 條第 1 項第 2 款之規定，獨占事業「不得對商品價格或服務報酬，為不當之決定、維持或變更」，其意涵乃是指，獨占事業禁止以低於一般市場價格或其它不當方式銷售產品，阻止他事業加入市場或造成不堪虧損而退出市場。首先，若該授權金折讓條款乃相關於非關鍵智財，則身為系爭處理器市場獨占事業之高通公司，只針對特定手機公司提供折讓，那麼相較於前述對其他手機相關廠商、拒絕提供授權清單或是要求無償交互授權之情事，此一行為即是以較優渥之條件提供非關鍵智財之授權與特定手機廠商。另一方面，然若該折讓條款乃是相關於關鍵智財，那麼該獎勵金條款即是違背了FRAND 承諾之公平授權原則，因為並無其他手機相關廠商能夠得到相當於該特定手機廠商所得之授權條件。

　　綜上，無論該獎勵金是為關鍵智財或非關鍵智財而設，高通公司針對該特定手機廠商所提供之折讓條款，都將發生對該標準相關市場之智慧財產商品的價格或條件，不當之決定或變更。因此，高通公司對特定手機廠商所提供之折讓行為，理應也違反公平法第 9 條第 1 項第 2 款之規定。

5. 以整只手機為授權計價基礎

　　最後，高通公司以整只手機之淨售價為計價基礎，向手機相關廠商收取高額授權金。依照本著作第三章節之討論以及圖 3-4 之整理，標準商品之組成包含關鍵智財、非關鍵智財、實體產品與其各式之組合。

　　若以本案之系爭標準處理器市場來看，所指之標準商品即是，符合系爭標準技術之關鍵智財、相關於系爭標準技術之非關鍵智財、與賴以實現此兩類智財技術之實體基頻處理器、以及三者之組合。由於系爭標準商品於市場上之價值，取決於實體基頻處理器與此兩類智財經濟價值之組合，所以無論其組合為何，該標準商品之價值皆應以其在該相關市場之經濟價值為限。若公司取得超

---

[324] 同前註，頁 66。

越該相關市場商品之價值,則有謀取超額利益的疑慮。因此,關鍵與非關鍵智財之授權金應以該標準商品,即基頻處理器,之市場價值為計價基礎方屬合理。

　　更進一步言,一個標準規範乃是由眾多關鍵技術所堆砌而成,如此專利堆疊之結果,所有該關鍵智財之持有人應與其他關鍵智財持有人共同分享代表著該關鍵智財於該標準商品相關市場之經濟利益。依據 RAND 之公平原則,所有關鍵智財之持有人皆應平等合理地分配由關鍵智財所衍生之授權金,此方為標準制訂組織制定智慧財產權政策之真義。若某一關鍵智財之持有人,在無正當理由之情形下,獲取了超越公平合理範圍之利益,甚至侵占到歸屬於其他關鍵智財持有人之經濟利益,則無疑為謀取超越該關鍵智財所應得之授權利益。

　　在此案中,高通公司所持有之關鍵智財,其所提供之功能僅止於系爭標準所規範之行動通訊技術,因此其合理的授權金計算範圍,至少應與實現系爭標準功能之基頻處理器的市場價值相關為當。換句話說,系爭關鍵智財合理授權金之授權計價,應以符合系爭標準規格並通過該標準認證之基頻處理器之價格為計算基準。高通公司以系爭手機之淨售價為授權計價基礎之授權策略,不但可能超越系爭標準所涵蓋之基頻處理器市場範圍,亦直接無視其它關鍵智財於該基頻處理器商品中所堆疊而應共享之價值,此難謂是公平合理之授權。

　　再進一步論之,系爭之 3G 手機乃是一個具備不同標準功能之複合標準商品,其中包含許多提供不同標準規範功能,如 H.264 與 USB 2.0 等關鍵零組件,而且唯有藉由各式零組件所提供之技術與相互連結,消費者所需之 3G 通話功能才得以在手機商品實現。即使高通公司以 3G 手機為可實現系爭標準技術之實施主體的理由,而欲以整只手機之淨售價為計價基礎,也應適當扣除其它零組件與其它標準功能所產生之經濟價值後,再計算專屬於系爭標準之關鍵智財授權金,方屬合理。然而高通公司卻直接以整只手機為淨售價為計價基礎,且並未計算其它標準之在系爭手機上所衍生之相關經濟價值,明顯侵占了專屬於其它零組件與標準技術於系爭手機商品之應得利益。可見高通公司之授權計價策略,不僅未考慮其它同屬系爭標準之關鍵智財所分享之價值,同時也侵占了其它非系爭標準之關鍵智財與零組件於系爭手機市場之合理利益。

由於，高通公司藉由該授權策略所取得之授權利益，無疑為超越其所持有關鍵智財所應得之利益，據此，高通公司身為系爭處理器市場之獨占事業，卻同時在該相關市場中謀取相關於系爭標準之其它關鍵智財，與其它標準之利益，該當為違反公平法第 9 條第 1 項第 4 款，濫用市場地位謀取超額利益之行為。

（四）搭售條款

關於「拒絕授權則無晶片」之搭售條款，高通公司與其競爭同業皆已提出相關事證及說明[325]，而公平會亦於處分書認為，該條款之目的在迫使手機相關廠商接受以整只 3G 手機作為權利金計價基礎。然而可惜的是，由於該處分書卻並未具體審酌此搭售條款於公平法第 20 條第 1 項第 5 款之違法性與判定。因此，本著作嘗試以所提之標準商業化模型分析補充之。

1. 法律依據與判斷原則

在公平會處分書中曾經提到，手機供應鏈共分為四個環節，其中關鍵晶片為手機製造的上游產業[326]，顯見基頻處理器市場乃為 3G 手機市場之上階市場，如此可輕易推得系爭處理器市場與系爭手機市場，實際上互為上下階之標準相關市場。以本案來看，雖然高通公司並非直接參與系爭手機市場之競爭，但以其晶片產品在系爭標準上游處理器市場之市場占有率，以及系爭關鍵智財在該市場所具備之市場獨占力量，即非常有可能成為影響下階相關市場，即 3G 手機市場之競爭。依本著作所分析，高通公司雖非為系爭手機市場之獨占事業，但基於其在上階基頻處理器市場之獨占地位，仍可能透過搭售行為影響下階手機市場之競爭。

依據公平法第 20 條第 1 項第 5 款之規定，「有下列各款行為之一，而有限制競爭之虞者，事業不得為之：……五、以不正當限制交易相對人之事業活動為條件，而與其交易之行為」。依據施行細則第 28 條對該款所稱之「限制」之

---

[325] 同前註，頁 5、11、35。

[326] 同前註，頁 41。

補充,指搭售、獨家交易、地域、顧客或使用之限制及其它限制事業活動之情形,並應綜合當事人之意圖、目的、市場地位、所屬市場結構、商品或服務特性及履行情況對市場競爭之影響等加以判斷。此外,參考公平會所定下之準則[327],判斷競爭行為是否符合搭售之構成要件,應考慮市場上是否存在二種可分的產品或服務,且存在買受人無法自由選擇搭售與被搭售產品之情事。最後,違法性之判斷,則需考慮出賣人在搭售產品是否擁有一定程度的市場力、有無妨礙搭售產品市場競爭之虞、以及該行為有無正當理由。

2. 搭售要件之認定

從本著作圖 3-3 所舉例之標準市場商業化模型來分析,關鍵智財乃是經歷知識型經濟之創新階段,在經歷標準研發之技術競爭後所產出,代表著智慧財產之產品,而基頻處理器則是經歷知識型經濟之實施階段,在經歷生產與再研發等實施標準之過程後所產出,代表實體之產品。因此,在此案高通公司所提之「拒絕授權則無晶片」的授權行為中,所指涉之標準商品,分別為相關系爭標準技術之關鍵智財與可實現整體系爭標準技術之實體基頻處理器,依據本著作所分析,該二商品即為符合搭售要件中之兩種可分商品。

就本質上而言,前者智慧財產為非實體之知識型商品,而後者基頻處理器則是實體之知識型商品,二者無疑為可分之商品。若更進一步分析,關鍵智財具備智慧財產之本質,因排他權而具有一定之經濟價值,且可獨立於實施主體之外而販售或授權,價錢亦可獨立指定之。反觀基頻處理器,亦可依不同的設計而並實現相關於關鍵智財或非關鍵智財之通訊技術,其經濟價值必然隨所提供的功能而呈現差異化。因此從商品使用之角度觀之,關鍵智財亦是相異於基頻處理器之商品。

從表面與實際交易行為來看「拒絕授權則無晶片」之條款,該條款顯示簽屬授權契約與提供晶片實質上為兩類不同之交易行為,表示出賣人高通公司自

---

[327] 公平交易委員會,「如何判斷事業的搭售行為,有無違反公平交易法第二十條第五款之規定?」其它限制競爭行為規範之常見問答 (2015)。(Retrieved from https://www.ftc.gov.tw/internet/main/doc/docDetail.aspx?uid=1209&docid=13214, last visited 03/16/2019.)

身亦將該兩商品分別看待。透過該條款，高通公司曾經向買受人，即手機相關廠商，明白表示必需同時取得智財之授權與基頻處理器之供給，缺一不可，顯見手機相關廠商在該授權條款下，並無法自由選擇購買搭售之基頻處理器與被搭售之智慧財產，僅能一併接受。

綜上討論，由於智財授權與基頻處理器兩商品實質可分，但高通公司之授權條款卻使手機相關廠商無法自由選擇搭售與被搭售產品之情事，足堪認定高通公司之「拒絕授權則無晶片」條款符合公平法關於搭售行為之兩要件。

3. 搭售行為之違法性

在判定搭售行為是否違法時，依施行細則第 28 條所規定，出賣人於搭售產品市場有無市場力量、是否對被搭售商品之市場造成競爭妨礙、以及是否有商業上之正當理由，皆是必須審酌的要點。

以第一個要件來看，出賣人於搭售產品市場時，必須具備一定之市場力量以推動被搭售商品之販售，否則將無法輕易促成該搭售之行為。依據處分書之調查結果，公平會已清楚陳明高通公司於基頻處理器具支配地位[328]，可見高通公司在基頻處理器市場已具備推動搭售其它商品之能力。

接著討論第二個要件，該搭售行為之實施，已確定發生如前述無償交互授權[329]等，對手機相關廠商不公平待遇之授權條件，嚴重影響智慧財產授權市場的競爭秩序，足稱該搭售行為已對被搭售市場發生妨礙競爭之影響。

最後關於第三個要件，高通公司雖以專利耗盡為由，宣稱分開銷售基頻處理器與所持有之智慧財產，將導致廠商無法在取得基頻處理器之同時亦取得任何智慧財產權[330]，但由於該理由多有爭執且存在爭議，致使無法被公平會所接受[331]，顯見高通公司施行該條款之理由尚無法被主管機關接受而被認定為正當。

綜整前述，本案中之「拒絕授權則無晶片」條款，因高通公司具有於搭售

---

[328] 公平會處分書，同註 297，頁 11。

[329] 同前註，頁 62。

[330] 同前註，頁 34。

[331] 同前註，頁 11、61。

市場具有市場獨占力量，且在無正當理由之情形下，妨礙被搭售市場之競爭，皆確定滿足公平法所定義之要件。因此「拒絕授權則無晶片」條款具備違法性，可堪認定為是違反公平法第 20 條第 1 項第 5 款關於搭售之禁止行為。

第六章　總結

　　知識型經濟是一個智慧資本集中的新興商業市場，而存在於其中的標準市場，也因智慧財產可帶來經濟利益，而衍生了各式利用標準智慧財產的商業模式。隨著知識型經濟活動的發展，消費需求的不斷演進，在標準市場內的競爭行為也越來越多樣。為了完成進一步之分析，本著作藉由討論標準市場之各項商業競爭活動，與專利法和競爭法相關於關鍵智財之法律議題，並提出研究與分析。

　　在標準市場中，存在著兩階段之市場競爭，分別是在標準創新階段、產出關鍵智財之技術競爭，與在標準實施階段、實施關鍵智財之產品競爭。經由此兩階段之競爭所形成之標準市場，分別為標準技術相關市場與標準商品相關市場。依據兩相關市場之產品與行為不同，兩市場之獨占力量，分別為標準發展需求與標準關鍵智財，兩力量不僅緊密相關，也相互影響。在標準相關市場之競爭當中，若公司運用不正當行為以獲取此二市場之獨占力量，應該違反公平競爭，然若公司經合法行為取得該市場力量，但卻用來謀取市場內之獨占利益，甚或是用以排除他人之公平競爭，也應被認定為違反競爭法。

　　本著作透過實務案例，整理在標準商品相關市場使用關鍵智財實行不公平競爭，以及在標準技術相關市場運用標準發展需求以謀取獨占利益之議題。經由整理分析後發現，專利挾持與反挾持等濫用關鍵智財、與非實施專利事業體任意興訟之行為，皆可能為謀取獨占利益、濫用標準商品相關市場獨占力量之行為；而專利埋伏，在事後使用關鍵智財索討授權金之行為，也因會增加競爭者之成本而在標準商品相關市場發生排除競爭之效果。另一方面，在標準技術相關市場，透過操控標準制訂程序，亦有可能影響或改變標準需求，並產生排除或限制競爭之結果。若有公司透過控制標準需求來謀取商業利益，亦有必要

檢視該行為是否屬於濫用市場獨占力量、謀取獨占利益之不正當行為。

　　從發生於標準市場之競爭行為，可以很清楚的見證獨占力量之濫用，將會引發不良於市場發展之結果，甚至還有可能導致標準市場之發展失敗，甚或是消失。本著作除了提出一個可供運用之商業與競爭模型之外，亦藉由過往案例來進一步闡述法理及其分析運用，也透過最近發生之國內案例來實際操作，並援引我國公平法相關法規來進行論述驗證。期望本著作所提出之討論，可供做為分析標準相關市場之競爭行為，為管制單位或學術研究提供另一種思維，以檢討標準市場競爭之管制議題。

附　錄

附錄一、知識型經濟之市場競爭

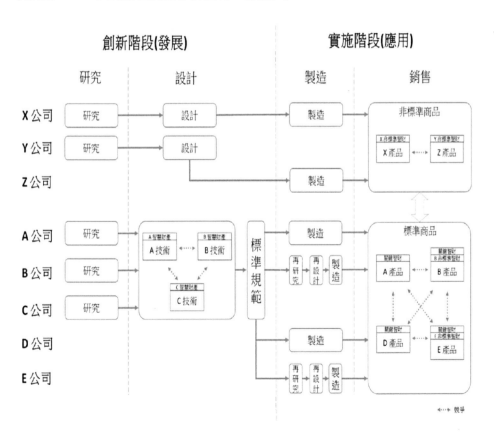

附錄二、ITU-T/ITU-R/ISO/IEC 專利政策

Common Patent Policy for ITU-T/ITU-R/ISO/IEC

The following is a "code of practice" regarding patents covering, in varying degrees, the subject matters of ITU T Recommendations, ITU-R Recommendations, ISO deliverables and IEC deliverables (for the purpose of this document, ITU-T and ITU-R Recommendations are referred to as "Recommendations", ISO deliverables and IEC deliverables are referred to as "Deliverables"). The rules of the "code of practice" are simple and straightforward. Recommendations | Deliverables are drawn up by technical and not patent experts; thus, they may not necessarily be very familiar with the complex international legal situation of intellectual property rights such as patents, etc.

Recommendations | Deliverables are non-binding; their objective is to ensure compatibility of technologies and systems on a worldwide basis. To meet this objective, which is in the common interests of all those participating, it must be ensured that Recommendations | Deliverables, their applications, use, etc. are accessible to everybody.

It follows, therefore, that a patent embodied fully or partly in a Recommendation | Deliverable must be accessible to everybody without undue constraints. To meet this requirement in general is the sole objective of the code of practice. The detailed arrangements arising from patents (licensing, royalties, etc.) are left to the parties concerned, as these arrangements might differ from case to case.

This code of practice may be summarized as follows:

1. The ITU Telecommunication Standardization Bureau (TSB), the ITU Radiocommunication Bureau (BR) and the offices of the CEOs of ISO and IEC are not in a position to give authoritative or comprehensive information about evidence, validity or scope of patents or similar rights, but it is desirable that the fullest available information should be disclosed. Therefore, any party participating in the work of ITU, ISO or IEC should, from the outset, draw the attention of the Director of ITU-TSB, the Director of ITU-BR, or the offices of the CEOs of ISO or IEC, respectively, to any known patent or to any known pending patent application, either their own or of other organizations, although ITU, ISO or IEC are unable to verify the validity of any such information.

2. If a Recommendation | Deliverable is developed and such information as referred to in paragraph 1 has been disclosed, three different situations may arise:

2.1 The patent holder is willing to negotiate licences free of charge with other parties on a non-discriminatory basis on reasonable terms and conditions. Such negotiations are left to the parties concerned and are performed outside ITU-T/ITU-R/ISO/IEC.

2.2 The patent holder is willing to negotiate licences with other parties on a non-discriminatory basis on reasonable terms and conditions. Such negotiations are left to the parties concerned and are performed outside ITU-T/ITU-R/ISO/IEC.

2.3 The patent holder is not willing to comply with the provisions of either paragraph 2.1 or paragraph 2.2; in such case, the Recommendation | Deliverable shall not include provisions depending on the patent.

3. Whatever case applies (2.1, 2.2 or 2.3), the patent holder has to provide a written statement to be filed at ITU-TSB, ITU-BR or the offices of the CEOs of ISO or IEC, respectively, using the appropriate "Patent Statement and Licensing Declaration" form. This statement must not include additional provisions, conditions, or any other

exclusion clauses in excess of what is provided for each case in the corresponding boxes of the form.

(Retrieved from https://www.itu.int/en/ITU-T/ipr/Pages/policy.aspx, last visited 09/01/2019.)

附錄三、IEEE 專利政策

IEEE SA STANDARDS BOARD BYLAWS

6. Patents

6.1 Definitions

The following terms, when capitalized, have the following meanings:

"Accepted Letter of Assurance" and "Accepted LOA" shall mean a Letter of Assurance that the IEEE SA has determined is complete in all material respects and has been posted to the IEEE SA web site.

"Affiliate" shall mean an entity that directly or indirectly, through one or more intermediaries, controls the Submitter or Applicant, is controlled by the Submitter or Applicant, or is under common control with the Submitter or Applicant. For the purposes of this definition, the term "control" and its derivatives, with respect to for-profit entities, means the legal, beneficial or equitable ownership, directly or indirectly, of more than fifty percent (50%) of the capital stock (or other ownership interest, if not a corporation) of an entity ordinarily having voting rights. "Control" and its derivatives, with respect to nonprofit entities, means the power to elect or appoint more than fifty percent (50%) of the Board of Directors of an entity.

"Applicant" shall mean any prospective licensee for Essential Patent Claims. "Applicant" shall include all of its Affiliates.

"Blanket Letter of Assurance" shall mean a Letter of Assurance that applies to all Essential Patent Claims for which a Submitter may currently or in the future (except as otherwise provided for in these Bylaws and in the IEEE SA Standards Board Operations Manual) have the ability to license.

"Compliant Implementation" shall mean any product (e.g., component, sub-assembly, or end-product) or service that conforms to any mandatory or optional portion of a normative clause of an IEEE Standard.

"Enabling Technology" shall mean any technology that may be necessary to make or use any product or portion thereof that complies with the IEEE Standard but is neither explicitly required by nor expressly set forth in the IEEE Standard (e.g., semiconductor manufacturing technology, compiler technology, object-oriented technology, basic operating system technology, and the like).

"Essential Patent Claim" shall mean any Patent Claim the practice of which was necessary to implement either a mandatory or optional portion of a normative clause of the IEEE Standard when, at the time of the IEEE Standard's approval, there was no commercially and technically feasible non-infringing alternative implementation method for such mandatory or optional portion of the normative clause. An Essential Patent Claim does not include any Patent Claim that was essential only for Enabling Technology or any claim other than that set forth above even if contained in the same patent as the Essential Patent Claim.

"Letter of Assurance" and "LOA" shall mean a document, including any attachments, stating the Submitter's position regarding ownership, enforcement, or licensing of Essential Patent Claims for a specifically referenced IEEE Standard, submitted in a form (PDF) acceptable to the IEEE SA.

"Patent Claim(s)" shall mean one or more claims in issued patent(s) or pending patent application(s).

"Prohibitive Order" shall mean an interim or permanent injunction, exclusion order, or similar adjudicative directive that limits or prevents making, having made, using, selling, offering to sell, or importing a Compliant Implementation.

"Reasonable and Good Faith Inquiry" includes, but is not limited to, a Submitter using reasonable efforts to identify and contact those individuals who are from, employed by, or otherwise represent the Submitter and who are known to the Submitter to be current or past participants in the development process of the [Proposed] IEEE Standard identified in a Letter of Assurance, including, but not limited to, participation in a Standards Association Ballot or Working Group. If the Submitter did not or does not have any participants, then a Reasonable and Good Faith Inquiry may include, but is not limited to, the Submitter using reasonable efforts to contact individuals who are from, employed by, or represent the Submitter and who the Submitter believes are most likely to have knowledge about the technology covered by the [Proposed] IEEE Standard.

"Reasonable Rate" shall mean appropriate compensation to the patent holder for the practice of an Essential Patent Claim excluding the value, if any, resulting from the inclusion of that Essential Patent Claim's technology in the IEEE Standard. In addition, determination of such Reasonable Rates should include, but need not be limited to, the consideration of:

The value that the functionality of the claimed invention or inventive feature within the Essential Patent Claim contributes to the value of the relevant functionality of the smallest saleable Compliant Implementation that practices the Essential Patent Claim.

The value that the Essential Patent Claim contributes to the smallest saleable Compliant Implementation that practices that claim, in light of the value contributed by all Essential Patent Claims for the same IEEE Standard practiced in that Compliant Implementation.

Existing licenses covering use of the Essential Patent Claim, where such licenses were not obtained under the explicit or implicit threat of a Prohibitive Order, and where the circumstances and resulting licenses are otherwise sufficiently comparable to the circumstances of the contemplated license.

"Reciprocal Licensing" shall mean that the Submitter of an LOA has conditioned its granting of a license for its Essential Patent Claims upon the Applicant's agreement to grant a license to the Submitter with Reasonable Rates and other reasonable licensing terms and conditions to the Applicant's Essential Patent Claims, if any, for the referenced IEEE Standard, including any amendments, corrigenda, editions, and revisions. If an LOA references an amendment or corrigendum, the scope of reciprocity includes the base IEEE Standard and its amendments, corrigenda, editions, and revisions.

"Statement of Encumbrance" shall mean a specific reference to an Accepted LOA or a general statement in the transfer or assignment agreement that the Patent Claim(s) being transferred or assigned are subject to any encumbrances that may exist as of the effective date of such agreement. An Accepted LOA is an encumbrance.

"Submitter" shall mean an individual or an organization that provides a completed Letter of Assurance. A Submitter may or may not hold Essential Patent Claims. "Submitter" shall include all of its Affiliates unless specifically and permissibly excluded.

6.2 Policy

IEEE standards may be drafted in terms that include the use of Essential Patent Claims. If the IEEE receives notice that a [Proposed] IEEE Standard may require the use of a potential Essential Patent Claim, the IEEE shall request licensing assurance, on the IEEE SA Standards Board approved Letter of Assurance form (PDF), from the patent holder or patent applicant. The IEEE shall request this assurance without coercion.

The Submitter of a Letter of Assurance may, after Reasonable and Good Faith Inquiry, indicate it is not aware of any Patent Claims that the Submitter may own, control, or have the ability to license that might be or become Essential Patent Claims. If the patent holder or patent applicant provides an LOA, it should do so as soon as reasonably feasible in the standards development process once the PAR is approved by the IEEE SA Standards Board. This LOA should be provided prior to the Standards Board's approval of the standard. An asserted potential Essential Patent Claim for which licensing assurance cannot be obtained (e.g., an LOA is not provided or the LOA indicates that licensing assurance is not being provided) shall be referred to the Patent Committee.

The licensing assurance shall be either:

a) A general disclaimer to the effect that the Submitter without conditions will not enforce any present or future Essential Patent Claims against any person or entity making, having made, using, selling, offering to sell, or importing any Compliant

Implementation that practices the Essential Patent Claims for use in conforming with the IEEE Standard; or,

b) A statement that the Submitter will make available a license for Essential Patent Claims to an unrestricted number of Applicants on a worldwide basis without compensation or under Reasonable Rates, with other reasonable terms and conditions that are demonstrably free of any unfair discrimination to make, have made, use, sell, offer to sell, or import any Compliant Implementation that practices the Essential Patent Claims for use in conforming with the IEEE Standard. An Accepted LOA that contains such a statement signifies that reasonable terms and conditions, including without compensation or under Reasonable Rates, are sufficient compensation for a license to use those Essential Patent Claims and precludes seeking, or seeking to enforce, a Prohibitive Order except as provided in this policy.

At its sole option, the Submitter may provide with its Letter of Assurance any of the following: (i) a not-to-exceed license fee or rate commitment, (ii) a sample license agreement, or (iii) one or more material licensing terms.

An Accepted Letter of Assurance shall apply to the Submitter, including its Affiliates. The Submitter, however, may specifically exclude certain Affiliates identified in the Letter of Assurance, except that a Submitter shall have no ability to exclude Affiliates if the Submitter has indicated Reciprocal Licensing on an Accepted Letter of Assurance.

The Submitter shall not condition a license on the Applicant's agreeing (a) to grant a license to any of the Applicant's Patent Claims that are not Essential Patent Claims for the referenced IEEE standard, or (b) to take a license for any of the Submitter's Patent Claims that are not Essential Patent Claims for the referenced IEEE standard.

On a Letter of Assurance, the Submitter may indicate a condition of Reciprocal Licensing. If an Applicant requires compensation under Reciprocal Licensing to its Essential Patent Claims, then a Submitter may require compensation for its Essential Patent Claims from that Applicant even if the Submitter has otherwise indicated that it would make licenses available without compensation.

The Submitter and all Affiliates (other than those Affiliates excluded in a Letter of Assurance) shall not, with the intent of circumventing or negating any of the representations and commitments made in the Accepted Letter of Assurance, assign or otherwise transfer any rights in any Essential Patent Claims that they hold, control, or have the ability to license and for which licensing assurance was provided on the Accepted Letter of Assurance.

An Accepted Letter of Assurance is intended to be binding upon any and all assignees and transferees of any Essential Patent Claim covered by such LOA. The Submitter agrees (a) to provide notice of an Accepted Letter of Assurance either through a Statement of Encumbrance or by binding its assignee or transferee to the terms of such Letter of Assurance; and (b) to require its assignee or transferee to (i) agree to similarly provide such notice and (ii) to bind its assignees or transferees to agree to provide such notice as described in (a) and (b).

The Submitter and the Applicant should engage in good faith negotiations (if sought by either party) without unreasonable delay or may litigate or, with the parties' mutual agreement, arbitrate: over patent validity, enforceability, essentiality, or infringement; Reasonable Rates or other reasonable licensing terms and conditions;

compensation for unpaid past royalties or a future royalty rate; any defenses or counterclaims; or any other related issues.

The Submitter of an Accepted LOA who has committed to make available a license for one or more Essential Patent Claims agrees that it shall neither seek nor seek to enforce a Prohibitive Order based on such Essential Patent Claim(s) in a jurisdiction unless the implementer fails to participate in, or to comply with the outcome of, an adjudication, including an affirming first-level appellate review, if sought by any party within applicable deadlines, in that jurisdiction by one or more courts that have the authority to: determine Reasonable Rates and other reasonable terms and conditions; adjudicate patent validity, enforceability, essentiality, and infringement; award monetary damages; and resolve any defenses and counterclaims. In jurisdictions where the failure to request a Prohibitive Order in a pleading waives the right to seek a Prohibitive Order at a later time, a Submitter may conditionally plead the right to seek a Prohibitive Order to preserve its right to do so later, if and when this policy's conditions for seeking, or seeking to enforce, a Prohibitive Order are met.

Nothing in this policy shall preclude a Submitter and an implementer from agreeing to arbitrate over patent validity, enforceability, essentiality, or infringement; Reasonable Rates or other reasonable licensing terms and conditions; compensation for unpaid past royalties or a future royalty rate; any defenses or counterclaims; reciprocal obligations; or any other issues that the parties choose to arbitrate.

Nothing in this policy shall preclude a licensor and licensee from voluntarily negotiating any license under terms mutually agreeable to both parties.

If a Submitter becomes aware of additional Patent Claim(s) that are not already covered by an Accepted Letter of Assurance, that are owned, controlled, or licensable by the Submitter, and that may be or become Essential Patent Claim(s) for the same IEEE Standard, then such Submitter shall submit a Letter of Assurance stating its position regarding enforcement or licensing of such Patent Claims. For the purposes of this commitment, the Submitter is deemed to be aware if any of the following individuals who are from, employed by, or otherwise represent the Submitter have personal knowledge of additional potential Essential Patent Claims, owned or controlled by the Submitter, related to a [Proposed] IEEE Standard and not already the subject of a previously Accepted Letter of Assurance: (a) past or present participants in the development of the [Proposed] IEEE Standard, or (b) the individual executing the previously Accepted Letter of Assurance.

A Letter of Assurance is irrevocable once submitted and accepted and shall apply, at a minimum, from the date of the standard's approval to the date of the standard's transfer to inactive status.

Copies of an Accepted Letter of Assurance may be provided to participants in a standards development meeting. Discussion of essentiality, interpretation, or validity of Patent Claims is prohibited during IEEE SA standards-development meetings or other duly authorized IEEE SA standards-development technical activities. IEEE SA shall provide procedures stating when and the extent to which patent licensing terms may be discussed (see subclause 5.3.10 of the IEEE SA Standards Board Operations Manual).

The IEEE is not responsible for

1. Identifying Essential Patent Claims for which a license may be required;

2. Determining the validity, essentiality, or interpretation of Patent Claims;

3. Determining whether any licensing terms or conditions provided in connection with submission of a Letter of Assurance, if any, or in any licensing agreements are reasonable or non-discriminatory; or,

4. Determining whether an implementation is a Compliant Implementation.

Nothing in this policy shall be interpreted as giving rise to a duty to conduct a patent search. No license is implied by the submission of a Letter of Assurance.

In order for IEEE's patent policy to function efficiently, individuals participating in the standards development process: (a) shall inform the IEEE (or cause the IEEE to be informed) of the holder of any potential Essential Patent Claims of which they are personally aware and that are not already the subject of an Accepted Letter of Assurance, that are owned or controlled by the participant or the entity the participant is from, employed by, or otherwise represents; and (b) should inform the IEEE (or cause the IEEE to be informed) of any other holders of potential Essential Patent Claims that are not already the subject of an Accepted Letter of Assurance.

7. Copyright

All Contributions to IEEE standards development or Industry Connection activities (whether for an individual or entity group) shall meet the requirements outlined in this clause.

7.1 Definitions

The following terms, when capitalized, have the following meanings:

"Contribution" shall mean any material that is presented verbally or in recorded or written form (e.g., text, drawings, flowcharts, slide presentations, videos) in any IEEE standards development activity or Industry Connections activity.

"Public Domain" shall mean material that is no longer under copyright protection or did not meet the requirements for copyright protection.

"Published" shall mean material for which a claim of copyright is apparent (e.g., the presence of the copyright symbol; an explicit statement of copyright ownership or intellectual property rights; stated permission to use text; a text reference that indicates the insertion of text excerpted from a copyrighted work; or a visual indication of an excerpt from another work, such as indented text).

"Work Product" shall mean the compilation of or collective work of all participants (e.g., a draft standard; the final approved standard; draft Industry Connections white paper; Industry Connections web site).

7.2 Policy

IEEE owns the copyright in all Work Products. All IEEE Work Products shall be created in an approved IEEE template.

Participants are solely responsible for determining whether disclosure of any Contributions that they submit to IEEE requires the prior consent of other parties and, if so, to obtain it.

7.2.1 Contributions from previously Published sources

At the time of submission, all Contributions from previously Published sources that are not Public Domain shall be accompanied by a Copyright Permission Form that is completed by the copyright owner, or by a person with the authority or right to grant copyright permission. The Copyright Permission Form request shall outline the specific material being used and, where possible, the planned context for its usage in the Work Product. Contributions that are previously Published shall not be submitted for consideration or incorporated in a Work Product until copyright permission acceptable to IEEE has been granted.

7.2.2 Contributions not previously Published

For any Contribution that has not been previously Published, and that is not Public Domain:

a) IEEE has the non-exclusive, irrevocable, royalty-free, worldwide rights (i.e., a license) to use the Contribution in connection with the development of the Work Product for which the Contribution was made.

b) Upon (i) approval of the standard; or (ii) final release or publication of a Work Product by an Industry Connections activity, IEEE has the right to exploit and grant permission to use the Work Product's content derived from the Contribution in any format or media without restriction.

Copyright ownership of the original Contribution is not transferred or assigned to the IEEE.

8. Modifications to the IEEE SA Standards Board Bylaws

Proposed modifications to these bylaws may be submitted to the IEEE SA Standards Board Procedures Committee (ProCom) for its consideration. Proposed modifications that have been agreed to by ProCom shall be submitted to the IEEE SA Standards Board for recommendation to forward to the IEEE SA BOG for approval (see clause 5.1 of the IEEE Standards Association Operations Manual).

Modifications to these bylaws and the reasons therefore shall be mailed to all members of the IEEE SA Standards Board at least 30 days before the IEEE SA

Standards Board meeting where the vote on these modifications shall be taken. Two-thirds of the voting Board members present at the meeting shall be required to approve any modifications.

These bylaws shall be reviewed by legal counsel.

8.1 Interpretations of the IEEE SA Standards Board Bylaws

Requests for interpretations of this document shall be directed to the Secretary of the IEEE SA Standards Board. The Secretary of the Board shall respond to the request within 30 days of receipt. Such response shall indicate a specified time limit when such an interpretation will be forthcoming. The time limit shall be no longer than is reasonable to allow consideration of and recommendations on the issue by, for example, the Procedures Committee of the IEEE SA Standards Board. The interpretation shall be delivered by the Chair of the Procedures Committee after ProCom discussion provided that at least 75% of the committee agrees. The IEEE SA Standards Board shall be notified of these results. If less than 75% of the committee agrees, or if any single committee member requests, the issue shall be deferred to the next regularly scheduled IEEE SA Standards Board meeting for the full Board to decide.

(Retrieved from https://standards.ieee.org/about/policies/bylaws/sect6-7.html, last visited 09/01/2019.)

附錄四、ETSI 智慧財產權政策

ETSI IPR POLICY

Standards rely on technical contributions from various sources. These contributions may contain patented technologies which are commonly known as Standard Essential Patents (SEP). When it is not possible on technical grounds to make or operate equipment or methods which comply with a standard without infringing a SEP, i.e. without using technologies that are covered by one or more patents, we describe that patent as 'essential'.

The ETSI IPR Policy which is part of the ETSI Directives seeks to reduce the risk that our standards-making efforts might be wasted if SEPs are unavailable under Fair, Reasonable and Non-Discriminatory (FRAND) terms and conditions.

The main objective of the ETSI IPR Policy is to balance the rights and interests of IPR holders to be fairly and adequately rewarded for the use of their SEPs in the implementation of ETSI standards and the need for implementers to get access to the technology defined in ETSI standards under FRAND terms and conditions.

The ETSI Directives also contain an IPR Guide which is intended to help ETSI members and any other party involved in ETSI's standardization activities to understand and implement the ETSI IPR Policy.

This IPR Guide provides information on how to handle IPR matters in ETSI and does not replace the ETSI IPR Policy which takes precedence in all cases.
PUBLIC STATEMENT

We issue this public statement to clarify that ETSI does not take any position regarding the correct interpretation of its IPR policy and its IPR Guide.

The ETSI IPR Policy and the IPR Guide texts stand as independent documents in their own right.

It is reiterated that specific licensing terms and negotiations are commercial matters between the companies and shall not be addressed within ETSI. The basic principle of the ETSI IPR regime remains FRAND with no specific preference for any licensing model.

Disclosure of Standard Essential Patents

During the proposal or development of a standard, ETSI members must inform the Director General in a timely fashion if they are aware that they hold any patent that might be essential.

Disclosure of Standard Essential Patents (SEP) holders are requested to provide an irrevocable undertaking in writing that they are prepared to grant irrevocable licenses on Fair, Reasonable and Non-Discriminatory ("FRAND") terms and conditions.

SEPs declarations can be provided firstly via the ETSI IPR ONLINE DATABASE which is the recommended tool allowing a treatment in priority.

Paper declarations are accepted via the use of the IPR Information Statement and Licensing Declaration Form.

The ETSI IPR ONLINE DATABASE allows, for information, public access to patents which have been declared as being essential or potentially essential, to ETSI and 3GPP standards.

Prior to making a patent licensing decision and implementing any SEP contained in the ETSI IPR Database, potential licensees shall always contact the declarant.

An extract of the ETSI IPR Database is published twice a year in the Special Report SR 000 314.

(Retrieved from https://www.etsi.org/intellectual-property-rights, last visited 09/01/2019.)

參考文獻

中文期刊

吳秀明,「聯合行為理論與實務之回顧與展望——以構成要件相關問題為中心」,《月旦法學雜誌》,第七十期,頁 56-79,2001 年 3 月。

廖賢州,「從 Verizon v. Trinko 案看電信市場之管制與競爭」,《行政院公平交易季刊》,第十三卷第三期,頁 133-166,2005 年 7 月。

范建得、莊春發、錢逸霖,「管制與競爭:論專利權的濫用」,《行政院公平交易季刊》,第十五卷第二期,頁 1-39,2007 年 4 月。

范建得、鄭緯綸,「論資訊軟體產業市場力量之管制——以微軟案為主軸」,《行政院公平交易季刊》,第十八卷第一期,頁 1-42,2010 年 1 月。

陳志民,「經濟分析適用於公平交易法之價值、例示與釋疑」,《財產法暨經濟法》,第二十七期,頁 47-89,2011 年 9 月。

周伯翰,「技術標準制訂與競爭法規範及專利權濫用之檢討」,《科技法律評析》,第五期,頁 39-91,2012 年 12 月。

黃惠敏,「標準必要專利與競爭法之管制——以違反 FRAND/RAND 承諾為中心」,《中原財經法學》,第三十六期,頁 171-243,2016 年 6 月。

楊智傑,「高通行動通訊標準必要專利授權與競爭法:大陸、南韓、歐盟、美國、臺灣裁罰案之比較」,《行政院公平交易季刊》,第二十六卷第二期,頁 1-54,2018 年 4 月。

外文專書及期刊

A. Aslani, H. Eftekhari, M. Hamidi ,B. Nabavi, Commercialization Methods of a New Product/service in ICT Industry: Case of a Science & Technology Park, ORGANIZACIJA, 48(2). 131-139 (2015).

A. Layne-Farrar, A. J. Padilla, *Assessing the Link between Standard Setting and Market Power*, SSRN ELECTRONIC JOURNAL. 1-40 (2010).

C. Shapiro, Navigating the Patent Thicket: Cross Licenses, Patent Pools, and Standard-Setting, SSRN ELECTRONIC JOURNAL. 119-150 (2001).

D. Acemoglu, G. Gancia, F. Zilibotti, *Competing Engines of Growth: Innovation and Standardization*, JOURNAL OF ECONOMIC THEORY, 147(2). 1-48 (2012).

D. F. Spulber, Standard setting organisations and standard essential patents: Voting and markets, THE ECONOMIC JOURNAL. 1-63 (2018).

F. H. Easterbrook, *The limits of antitrust*, 63 TEXAS LAW REVIEW 1. 1-41 (1984).

H. D. Kurz, Adam Smith on markets, competition and violations of natural liberty, CAMBRIDGE JOURNAL OF ECONOMICS, 40(2). 615-638 (2015).

J. Baker, *Market Definition: An Analytical Overview*, ARTICLES IN LAW REVIEWS & OTHER ACADEMIC JOURNALS, Paper 275. 129-173 (2007).

J. E. Bessen, M. J. Meurer, J. L. Ford, *The Private and Social Costs of Patent Trolls*, SSRN ELECTRONIC JOURNAL. 1-35 (2011).

M. A. Lemley, *Intellectual Property Rights and Standard-Setting Organizations*, CALIFORNIA LAW REVIEW, 90(6). 1889-1980 (2002).

OECD, *Technology and Industry Scoreboard 1999*. In OECD SCIENCE. ISBN: 9789264173675. 1-178 (1999).

R. A. Posner, W. M. Landes, *Market Power in Antitrust Cases*, Harvard Law

Review 94(937). 937-996 (1981).

R. Pitofsky, New Definitions of Relevant Market and the Assault on Antitrust, COLUMBIA LAW REVIEW, 90(7). 1805-1864 (1990).

R. Pitofsky, Challenges of the New Economy: Issues at the Intersection of Antitrust and Intellectual Property, GEORGETOWN LAW FACULTY PUBLICATIONS AND OTHER WORKS, 314. 913-924 (2001).

V. Torti, Intellectual property rights and competition in standard setting: objectives and tensions. In S.l.: ROUTLEDGE. (2018)

Z. J. Acs, L. Anselin, A. Varga, Patents and innovation counts as measures of regional production of new knowledge, Research Policy, 31(7), 1069-1085 (2002).

美國判決與相關法律文獻

Allied Tube v. Indian Head, Inc., 486 U.S. 492 (1988).

Apple Inc. v. Motorola Mobility, Inc., 757 F.3d 1286 (Fed. Cir. 2014).

Broadcom Corp. v. Qualcomm Inc., 543 F.3d 683 (Fed. Cir. 2008).

eBay, Inc. v. MercExchange, L.L.C. , 547 U.S. 388 (2006).

FTC Decision and Order, In the Matter of Motorola Mobility LLC, a limited liability company, and Google Inc, Docket No. C-4410 (2013).

Globetrotter Software, Inc. v. Elan Computer Grp., Inc., 362 F.3d 1367 (Fed. Cir. 2004).

Graham v. John Deere Co., 383 U.S. 1 (1966).

Innovatio IP. Ventures, LLC, 921 F. Supp. 2d 903 (N.D. Ill. 2013).

Microsoft Corp. v. Motorola, Inc., No. 14-35393 (9th Cir. 2015).

NYNEX Corp. v. Discon, Inc., 525 U.S. 128 (1998)

Rambus Incorporated v. FTC, No. 07-1086 (D.C. Cir. 2008).

USM Corp. v. SPS Technologies., 694 F.2d 505 (7th Cir. 1982).

Verizon Communications Inc. v. Law Offices of Curtis V. Trinko, LLP, 540 U.S. 398 (2004).

Weinberger v. Romero-Barcelo, 456 U.S. 305 (1982).

Windsurfing International, Inc. v. AMF Inc., 828 F.2d 755 (Fed. Cir. 1987).

z4 Technologies, Inc. v. Microsoft Corp., 434 F. Supp. 2d 437 (E.D.Tex.2006).

歐盟判決與相關法律文獻

Case AT. 39985, Motorola-Enforcement of GPRS Standard Essential Patents, Commission Decision, C92014)2892 (2014).

Case C-170/13 Huawei Technologies Co. Limited v. ZTE Corp. (Fifth Chamber, 16 July 2015).

Case C-3/39.939, Samsung Elec. Enforcement of UMTS standard essential patents (27th Sep. 2013).

Case C-T-201/04, Microsoft v. Commission, E.C.R. II-3601 (2007).

Orange-Book-Standard, BGH, Urt. V. 6.5 – KRZ 39/06, GRUR 2009, 694 (2009).

其它外文文獻

A. F. Abbott, Standard Setting, Patents, and Competition Law Enforcement – The need for U.S. Policy Reform, CPI Antitrust Chronicle. 1-16 (2015).

British Standards Institution [BSI], *How Standard Benefit business and the UK Economy*, report summary. (2015). (Retrieved from https://www.bsigroup.com

/LocalFiles/en-GB/standards/BSI-standards-brochure-how-standards-benefit-businesses-and-the-UK-economy-UK-EN.pdf, last visited 03/16/2019.)

Centre for Economics and Business Research [CEBR], *The Economic Contribution of Standard to the UK Economy*, British Standards Institution [BSI] Report. 1-108 (2015). (Retrieved from https://www.bsigroup.com/Local Files/en-GB/standards/BSI-The-Economic-Contribution-of-Standards-to-the-UK-Economy-UK-EN.pdf, last visited 03/16/2019.)

Directorate for Financial and Enterprise Affairs Competition Committee [DFEACC], *Intellectual Property and Standard Setting – Note by Unite States*, Report NO. DAF/COMP/WD(2014)116. 1-16 (2014).

ETSI Mobile Competence Centre [MCC], *Report for 3GPP TSG RAN meeting #53*, 3GPP RP-111723, Fukuoka, Japan, 13-16 September. (2011).

ETSI MCC, *Report for 3GPP TSG RAN meeting #66*, 3GPP RP-150060, Maui, USA, 8-11 December. (2014).

ETSI MCC, *Report for 3GPP TSG RAN meeting #67*, 3GPP RP-150615, Shanghai, China, 9-12 March. (2015).

ETSI MCC, *Report for 3GPP TSG RAN meeting #78*, 3GPP RP-180516, Lisbon, Portugal, 18-21 December. (2018).

GreenbergTrauring, *EU competition: Industry standards and antitrust compliance*, Greenberg Traurig Maher LLP. (2011). (Retrieved from http://www.gtmlaw.com, last visited 03/16/2019.)

Hank J. de Vries, International Standardization as a Strategic Tool, IEC Report. 130-141 (2006).

J. J. Miles, *Principles of Antitrust Law*, Education Handout in Society of Corporate Compliance and Ethics [SCCE]. 1-141 (2016). (Retrieved from https://assets.hcca-info.org/Portals/0/PDFs/Resources/Conference_Handouts/ Managed_Care_Compliance_Conference/2010/Mon/ 202_Miles_ handout.pdf, last visited 03/16/2019.)

KDDI, Sprint, CMCC, Huawei, HiSilicon, Qualcomm, Ericsson, Nokia Corporation, Nokia Networks, Samsung, *Way forward on new UE categories in Rel-12*, 3GPP RP-150489, Shanghai, China, 9-12 March. (2015).

Nikolich, *IEEE 802.20 Appeals Update*, IEEE C802.20-06/30, Dallas, Texas, USA, 12-17 November. (2006).

NTT DOCOMO, INC., AT&T, MediaTek, ACER, ASUS, CHT, HTC, ITRI, LGE, Panasonic, Sharp, Hitachi, *Way forward on new UE categories in Rel-12 and 13*, 3GPP RP-150367, Shanghai, China, 9 - 12 March. (2015).

Organization for Economic Co-operation and Development [OECD], *Inequality: A hidden cost of market power*, Reference No. DAF/COMP(2015)10. 1-58 (2017).

OECD, *Knowledge-Based Industries in Asia*, Science Technology Industry [STI]. 1-75 (2000). (Retrieved from https://www.oecd.org/countries/thailand/20906 53.pdf, last visited 03/16/2019.)

Qualcomm, *Introduction of new UE categories*, 3GPP RP-150096, Shanghai, China, 9-12 March. (2015).

RAN Chairman, *Handling new SI/WI proposals in RAN*, 3GPP RP-172795, Lisbon, Portugal, 18-21 December. (2018).

R. Schellingerhout, *Standard Setting from a Competition Law Perspective*, Competition Policy Newsletter. 1-9 (2011).

Telecommunication Standardization Bureau [TSB], *Understanding Patents, Competition & Standardization in an Interconnected World*, International Telecommunication Union [ITU] Report. 1-98 (2014).

國家圖書館出版品預行編目(CIP) 資料

標準市場與競爭 / 林咨銘，范建得著.-- 初版.--
　臺北市 : 元華文創, 2020.06
　面 ; 　公分

　　ISBN 978-957-711-159-3 (平裝)

　1.工業標準 2.專利 3.企業競爭

440.4　　　　　　　　　　　　　　109002325

標準市場與競爭

林咨銘　范建得　著

發 行 人：賴洋助
出 版 者：元華文創股份有限公司
公司地址：新竹縣竹北市台元一街 8 號 5 樓之 7
聯絡地址：100 臺北市中正區重慶南路二段 51 號 5 樓
電　　話：(02) 2351-1607　　傳　　真：(02) 2351-1549
網　　址：www.eculture.com.tw
E-mail：service@eculture.com.tw
出版年月：2020 年 06 月 初版
定　　價：新臺幣 330 元

ISBN：978-957-711-159-3 (平裝)

總經銷：聯合發行股份有限公司
地　址：231 新北市新店區寶橋路 235 巷 6 弄 6 號 4F
電　話：(02)2917-8022　　　　　　傳　真：(02)2915-6275